化学大惊奇

HUAXUE DA JINGQI

[韩]郑星旭　[韩]李才我　著
[韩]金多睿　绘
郑美兰　译

接力出版社
Publishing House

前言

随时随地都会遇到的科学

炎热的夏日，为什么下一场雨我们就觉得凉爽一些？

碳酸饮料瓶和矿泉水瓶一样吗？如果不一样，又是为什么？

消防员有时会用火来灭火？这样也可以吗？

我们每天早晨睁开眼，呼吸、吃饭……这些是最正常不过的日常生活中无意间做的事，但如果你对这些事情细细追究就会发现，其中隐藏着惊人的科学原理和概念。从我们身边的琐事出发，提出问题并慢慢接近科学，就可以轻松了解科学概念和原理，学科学就会变得更容易。

鸡蛋、水、食盐、醋、小苏打……这些都是我们家里很常见的东西。它们不仅可以用来做饭，也可以用来做简单的科学实验。这些实验很简单而且很好玩。家里的厨房、卧室都可以成为你的实验室。

举个例子，在装有水的杯子中放入鸡蛋，再一点儿一点儿地加入食盐，下沉的鸡蛋就会向上浮起来。这是为什么呢？读读这本书，你就会知道答案。先给你个小提示：这跟“浓度”和“密度”有关。通过简单的实验就可以知道物体下沉、漂浮的原因和原理了。对了！如果使用鹌鹑蛋，你就可以用更少量的水和食盐更快地进行这个实验了。

本书在对日常生活中的事提出有趣的问题后，再通过一系列简单的实验来解答，让我们以有趣的方式与科学见面。本书与义务教育科学课程标准的内容进行了对标，在“惊奇问答”部分还包含了部分中学课程的内容。希望读完这本书后，你可以与科学亲密起来。

정성욱 이재아

（郑星旭　李才我）

发现令人惊奇的科学奥秘

化学很难吗？
通过我们身边的
化学现象来轻松
学习吧！

义务教育化学课程标准
化学反应的应用价值

紫菜包饭用铝箔包裹对身体不好？

酸的性质

“啊，口水流出来了！”饭店里摆满了
用铝箔包裹着的紫菜包饭。
应该很好吃吧！肚子一饿就更想吃了。
但是朋友却说，
铝箔包裹的紫菜包饭对身体不好，
这是为什么呢？
紫菜包饭遇到铝会发生什么事情呢？
难道会形成对身体不好的物质？

122

与义务教育科学、化学
课程标准相关联。
主题分章，轻松
建立学科自信！

分离混合物之前，先要思考物质的性质

我们知道在芝麻和食盐的混合物中，食盐易溶于水，芝麻不溶于水，把芝麻和食盐的混合物放入水中，食盐就溶解在水里了，但芝麻不会溶解，下一步就可以用滤纸过滤了。食盐和水会一起流到滤纸下面，滤纸上只剩下芝麻了。

科学小实验——使用过滤装置过滤出芝麻

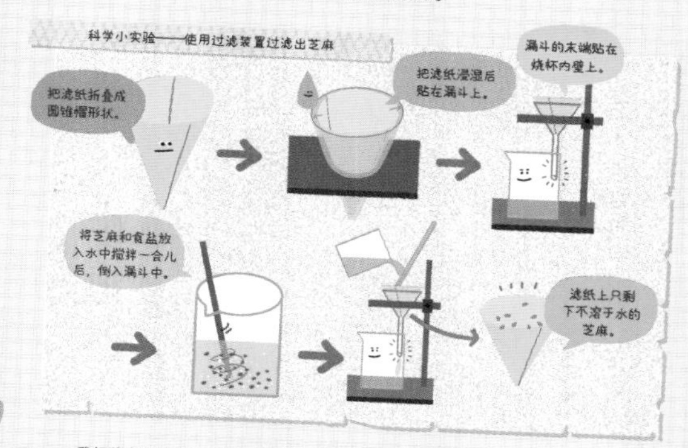

把滤纸折叠成圆锥帽形状。
把滤纸浸湿后贴在漏斗上。
漏斗的末端贴在烧杯内壁上。
将芝麻和食盐放入水中搅拌一会儿后，倒入漏斗中。
滤纸上只剩下不溶于水的芝麻。

我把芝麻收好以后，装有食盐水的碗就放在那里，没有管它。过了几天水没了，只剩下白色的食盐粒密密麻麻地附着在碗壁上！这是怎么回事？水似乎都以水蒸气的形式蒸发掉了。

像这样，如果混合物中包含了一种易溶于水的物质和一种不易溶于水的物质，那就可以先用水溶化后过滤分离出一种物质，然后蒸发掉水，分离出另一种物质。

据说煮沸食盐水可以更快获得食盐。
糖水蒸发后也会析出白糖吗？

61

在家就可以做的
科学小实验
藏在书中的各个
角落哟！

用图解和插图对化学原理进行解释说明，让你一看就懂，轻松掌握！

虽然酸有危害性，但如果没有它们，我们的生活会变得非常不方便。一起在生活中找找吧！

汽车行驶离不开酸。硫酸是腐蚀性强的酸，不仅可以溶解金属和石头，连人的身体也可以腐蚀。汽车电池中含有硫酸，作为电池的电解质溶液，可以使汽车正常行驶。

阿司匹林中也有酸。阿司匹林可以退热、减轻疼痛。阿司匹林的原料是水杨酸。水杨酸最早是在柳树树皮中被发现的。

抗坏血酸这个词也许你没听说过，人们一般称它为维生素C。新鲜的水果和蔬菜中含有很多维生素C，可以预防坏血病。

食醋

酸可以给食物增添风味。食醋的酸味来自醋酸。可乐等碳酸饮料中的刺激口感来自碳酸。葡萄或苹果的酸甜味是苹果酸在起作用。橙子或柠檬中的酸味来自柠檬酸。

124

通过激发好奇心和想象力的"惊奇问答"，互动测试，拓宽化学知识面！

像水一样，可以溶解某些特定物质的液体叫作溶剂。使用溶剂分离混合物中某种物质的方法叫作萃取。不过，用于萃取的溶剂并非只有水。

如果将大豆浸泡在水中会提取出豆油吗？根本不可能。要想从大豆中提取油，需要一种能很容易溶解油成分的溶剂。乙醇、乙醚、丙酮、苯等溶剂都可以很好地提取油、色素和橡胶等。这些溶剂在提取后会很快蒸发掉，只留下想要提取的物质。像这样，**要提取的物质不同，从混合物中提取该物质使用的溶剂也会不同。**

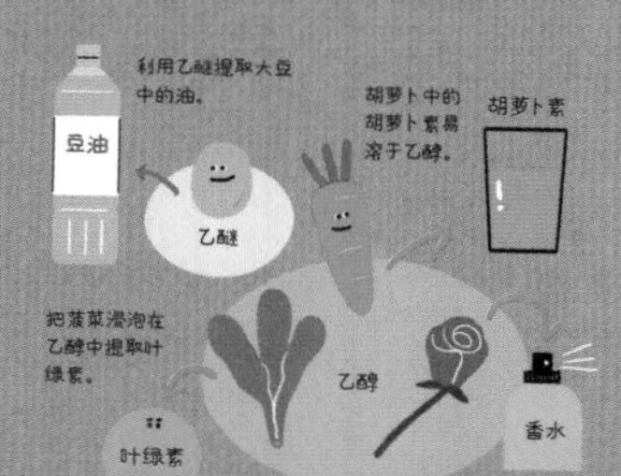
利用乙醚提取大豆中的油。
豆油
乙醚
胡萝卜中的胡萝卜素易溶于乙醇。
胡萝卜素
把菠菜浸泡在乙醇中提取叶绿素。
乙醇
叶绿素
香水
用乙醇提取玫瑰花或紫丁香花等花中的香料成分来制作香水。

惊奇问答

用什么方法可以去掉衣服上五花八门的污渍呢？

我的衣服粘上了口香糖，还有食物污渍，好脏呀！用洗衣机洗衣服，只能去掉溶于水的污渍。污渍的种类不同，清除污渍的方法也不同。快来和我一起了解一下可以溶解污渍的物质吧！

污渍的成分不同，使用的溶剂也不同。蜡笔痕迹用苯之类的有机溶剂洗，口香糖用食用油洗，番茄酱用食醋洗，红茶用温水洗……这样就可以清除所有污渍了。

重要的内容用波浪线标注，清晰明了！

重点笔记

使用溶剂分离混合物中特定物质的方法叫作萃取。水、乙醇、乙醚、丙酮、苯等液体常被作为萃取物质的溶剂使用。

63

通过整理核心内容的重点笔记，学会归纳总结，从此与化学亲密起来！

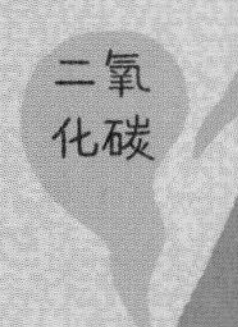
二氧化碳

目录

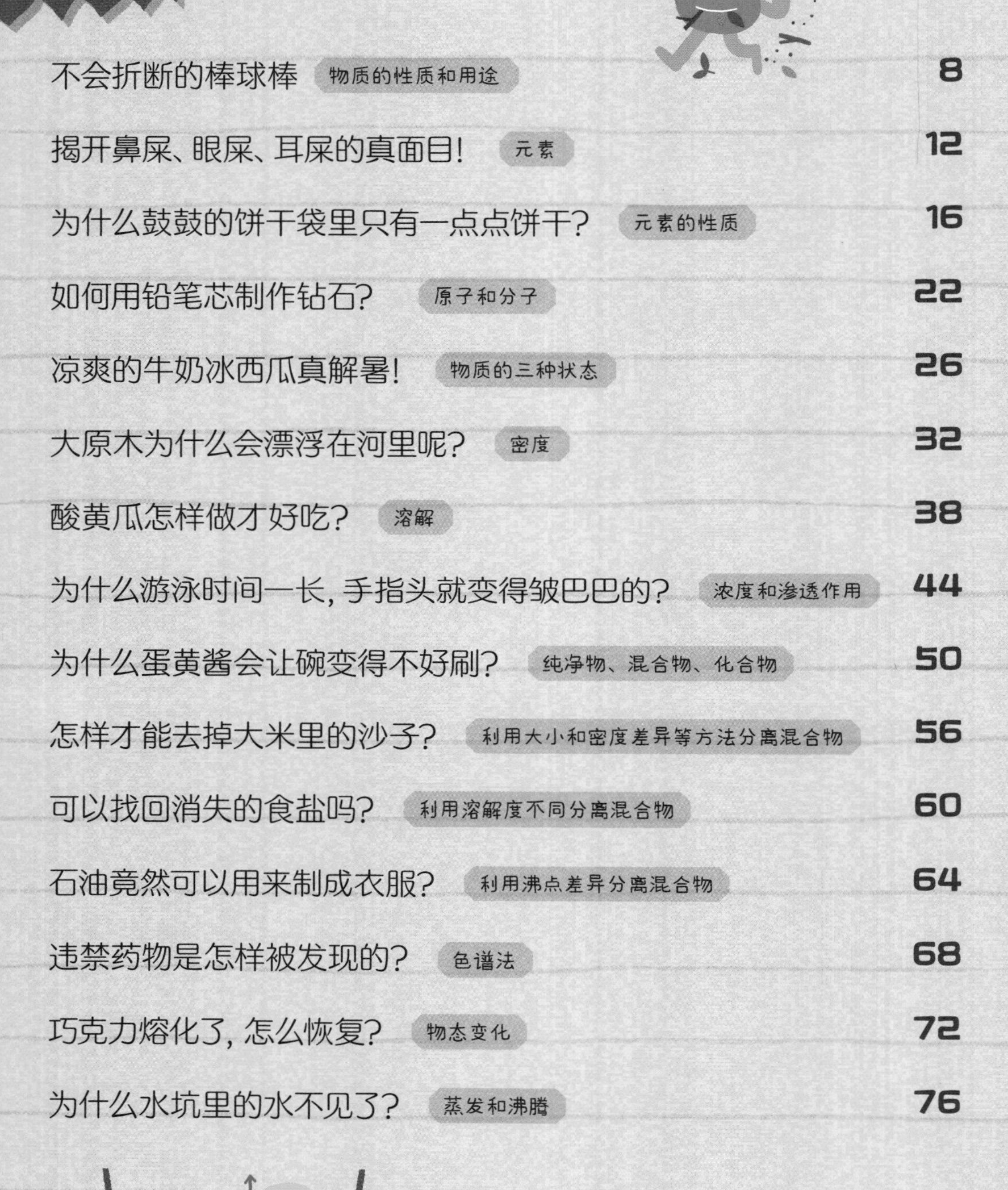

不会折断的棒球棒

物质的性质和用途

义务教育科学课程标准
物质具有一定的特性与功能

义务教育化学课程标准
物质的多样性

好久没有和爸爸一起在运动场上打棒球了。
爸爸太高兴了，用力挥棒击球。
咔嚓——糟糕！
我的宝贝棒球棒断了！
爸爸有些不好意思，我心中懊恼不已。
爸爸一个劲儿地说：
“对不起，爸爸给你买一个新的。
这根用木头做的棒球棒容易断，
下次我们买一根不会折断的棒球棒。”
可不会折断的棒球棒是什么样的呢？

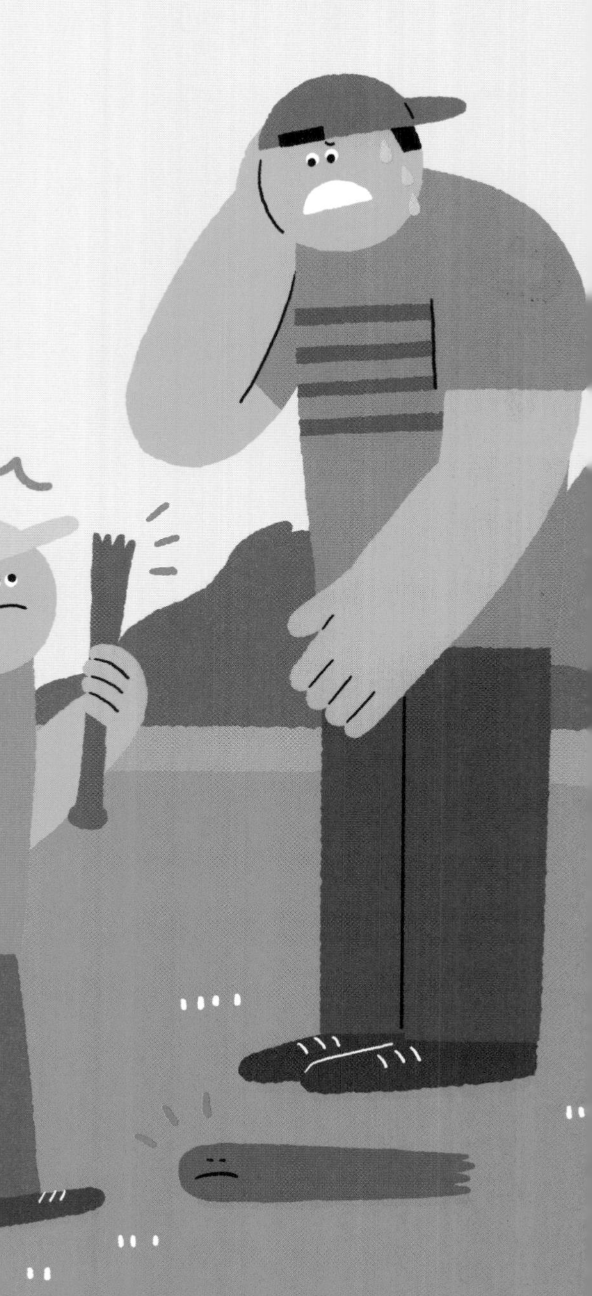

环顾我们周围，你会很容易发现很多东西都是用不同材料做成的，例如用木头做成的棒球棒、用塑料做成的玩具、用玻璃做成的杯子、用纸做成的童话书等。

像棒球棒这样有形状、占有一定空间的东西叫作**物体**；像制作棒球棒所用的原材料木头这类东西叫作**物质**。

木头、塑料、玻璃、纸等各种物质组成了形形色色的物体。

每种物质都有自己特有的性质

每种物质的颜色、气味、味道、硬度、韧性、弹性都不一样。我们可以通过用眼睛看、用鼻子闻、用手触摸来知道这些性质。像这样可以通过人的感官区分的特征叫作表面性质。我们可以通过表面性质的差异来区分物质。

我们不会用易碎的玻璃制作棒球棒。棒球棒要用容易被抓握、可以击球的坚硬材料制作。只有恰当地利用物质具有的独特性质，我们才可以制造出符合各自用途的物体。

玻璃

透明而坚硬，但是易碎。

木头

柔软且有纹理，大多可浮在水面上，容易燃烧，导热慢。

塑料

光滑而质轻，不会被水浸湿，不易导电，导热慢。

铁

坚硬而不易碎，表面光滑，可导热、导电，可被磁铁吸引。

纸

质轻，易撕裂，易燃烧，容易吸收水或墨汁等液体。

橡胶

柔软，易弯曲，具有弹性。

爸爸最后买了铝制的棒球棒。他说新买的铝棒球棒比木头的更结实、更轻，击球也可以击出更远。虽然都是棒球棒，但构成它的物质可以有很多种，如木头、铝、塑料等。

用来喝水的杯子也有玻璃杯、不锈钢杯、塑料杯、纸杯等。很多物体都是这样，用途相同的物体可以用不同的物质制成。

物质的性质不同，物体就有不同的优缺点。

要小心，我很容易碎。我是透明的，放入果汁可以看到它漂亮的颜色。

我适合喝凉水的时候使用。盛热水可能会烫手！高温消毒也不会碎哟。

我不仅比较轻，还不容易碎，适合孩子用。

我是用一次就被扔掉的一次性纸杯，为了保护环境，减少使用我吧。

重点笔记

用来制作物体的材料叫作物质。物质具有各自特有的性质，从而使物体性质不同。知道物质具有的特性，就可以根据用途制造物体了。

· 惊奇问答 ·

衣服怎样才不会被水打湿?

哗啦啦！天上突然下起了大雨。新买的衣服很快湿透了。

要先将衣服做防水处理才能出门吗？想一想怎么制作一件不会被水打湿的衣服吧！

1. 哧哧，试试在衣服上涂蜡！

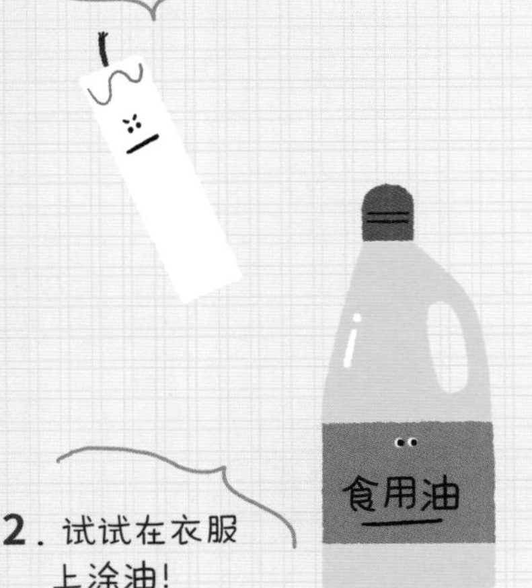

2. 试试在衣服上涂油！

3. 试试模仿荷叶的构造制作衣服吧！荷叶表面有无数个小突起，可以反弹水珠。如果利用这个构造制作衣服就不会被打湿了。

4. 试试用具有韧性的蛛网制作衣服吧！蛛网不会被雨水浸湿，而且结实。因为细，所以看上去脆弱，实际上其聚集起来变粗以后，比钢铁硬度强5倍呢。

揭开鼻屎、眼屎、耳屎的真面目！

元素

义务教育化学课程标准
元素、分子、原子与物质

“哎哟，这是什么味道啊？”
“哇，你的脸怎么了？”
因为有臭味又邋遢，
朋友们都悄悄地捂着鼻子躲着我。
我两天没洗脸了。
其实我正在准备做一项科学实验。
为了了解鼻屎、眼屎、耳屎的成分，
我正在收集它们。
我们身上这些黏糊糊的东西究竟是
用什么做成的呢？

嗯，用搅拌机搅拌一下？用火烧？如果把它们切碎能不能揭开它们的真面目呢？

搅拌机

鼻屎、眼屎、耳屎很脏?

鼻屎、眼屎、耳屎是阻挡灰尘或细菌进入我们体内的有益物质。它们是我们身体的一部分。如果了解了我们的身体是由什么构成的,也就能揭开它们的真面目了。

不仅仅是我们的身体,围绕着地球的空气、美丽的花朵、山、海、食物等,世界上存在的一切东西都是由物质构成的。这些物质是由更小的成分构成的,到底是什么呢?

很久很久以前,古希腊的学者们对有天、地、海、生命体的这个世界充满好奇,想知道这些东西都是由什么构成的,所以开始探索这个世界。

世界会不会是天创造的?
这个世界是由水构成的。
水
泰勒斯
世界是由土、水、火、气四种元素构成的。
火
水
土
气
亚里士多德

古希腊学者们认为土、水、火、气构成了地球上的一切。

构成物质的基本成分是元素,古希腊学者们认为水、火是构成万物的元素。后来经过很多人的研究,人们才发现了真正的元素。

让我们先观察一下每天喝的水吧。水被分解后会变成氧气和氢气,氧元素和氢元素不会再被进一步分解为其他元素了,所以说水是由氧和氢两种元素构成的。

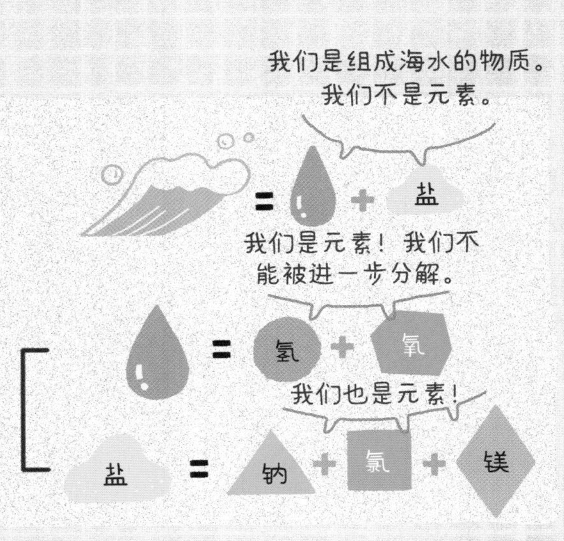

我们是组成海水的物质。我们不是元素。
盐
我们是元素!我们不能被进一步分解。
氢
氧
我们也是元素!
盐
钠
氯
镁

人的身体也是由元素构成的吗?

你或许已经猜到了，我们的身体和其他物质一样，也是由元素构成的。骨头、血液、肌肉、鼻屎、眼屎、耳屎这些物质的成分都是元素！那我们的身体是由哪些元素构成的呢?

人体是由氧、碳、氢、氮、钙、磷、钾、硫、钠、镁、氯、铁、锌、铜等25种元素构成的。其中氧、碳、氢、氮的质量占我们身体质量的大部分，大约为96%，尤其是氧，占比最高，为65%。

原来构成我们身体的竟然是化学元素，是不是很震惊? 这些元素通过不同的方法结合，构成了人的骨头、血液、肌肉、鼻屎、眼屎、耳屎。

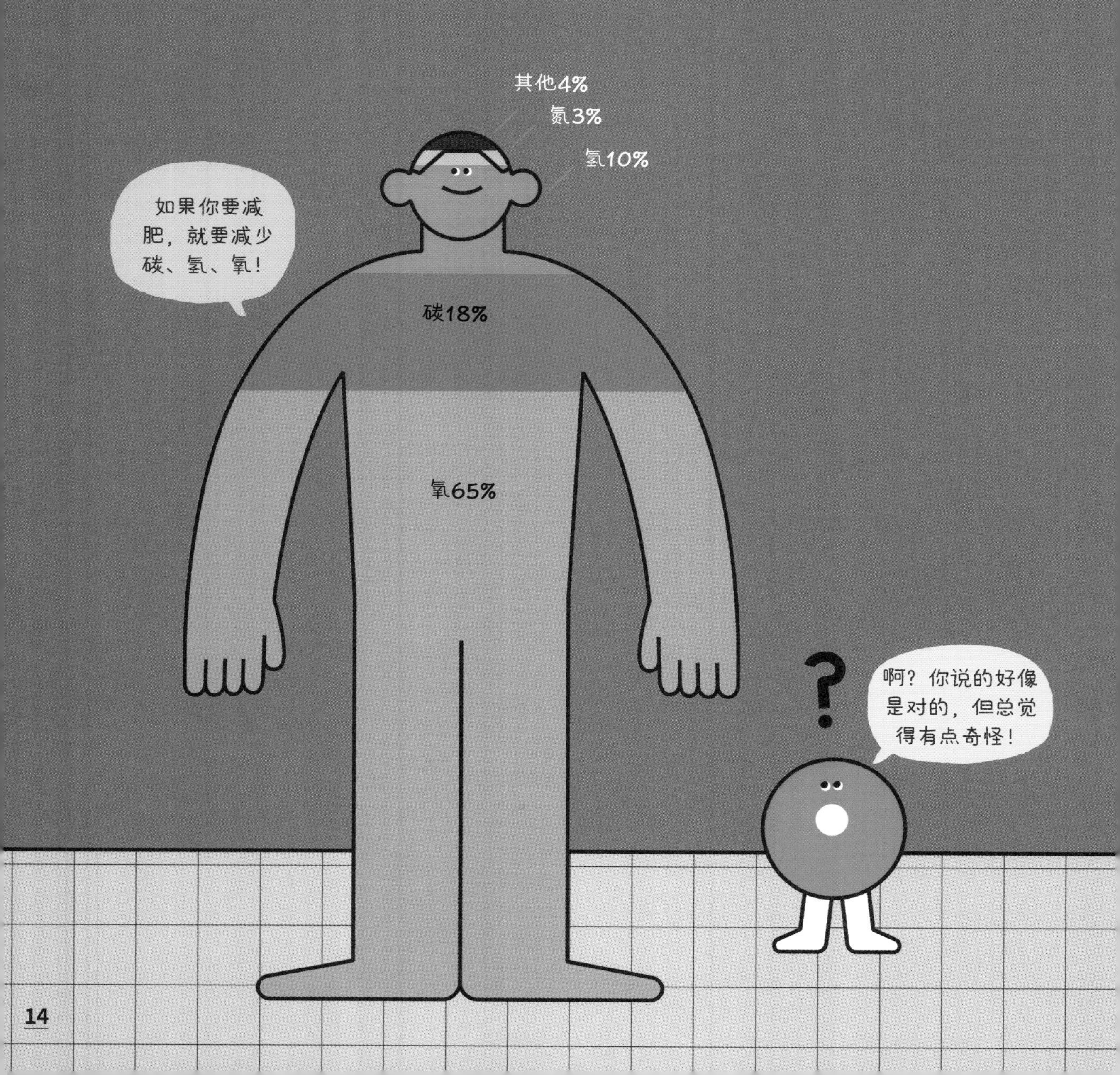

其他4%
氮3%
氢10%
如果你要减肥，就要减少碳、氢、氧！
碳18%
氧65%
?
啊? 你说的好像是对的，但总觉得有点奇怪！

构成人体的元素有25种，那构成世界所有物质的元素有多少种呢？

构成世界所有物质的元素有118种。这些元素中，自然界发现的有92种，其余是人类制造的。钚或镓等元素就是制造出来的元素。构成世界的基本元素是不是比想象中的少？

更令人惊讶的是，氧、碳、氢、氮、铁等20种左右的元素构成了大部分物质。用于制造生命体、地球、土地等所有东西的元素竟然只有118种。真的很神奇！

重点笔记

元素是构成所有物质的基本成分。到目前为止发现的元素有118种。地球上的一切都是由这118种元素构成的。

· 惊奇问答 ·

如果要制造人，需要多少千克的元素呢？

科幻小说中，弗兰肯斯坦博士为了制造人体而使用了动物的尸体。如果他来到现在应该会使用元素吧？如果要制造一个60千克的人，各种元素需要多少千克呢？

氧占65%？到底需要多少千克呢？
这次不能制造出怪物，一定要制造出帅气的人来维护我的名誉！
60kg

来了解一下制造体重为60千克的人所需要的氧的质量吧。人体的质量中氧元素占65%。按照60千克乘以65%(0.65)计算，可以知道需要39千克的氧。按照氧、碳、氢、氮及其他顺序，各需要39千克、10.8千克、6千克、1.8千克、2.4千克。但是仅有元素就可以制造人吗？只有原料，没有制作方法，就只能是空中楼阁了！

为什么鼓鼓的饼干袋里只有一点点饼干？

元素的性质

义务教育化学课程标准

元素、分子、原子与物质

咕噜咕噜，刚吃完饭没多久，我就饿了！

我决定去便利店买点好吃的饼干。

在众多饼干中吸引我的只有一个——

包装袋最鼓的那一个！

我充满期待地打开了包装袋。

咦，袋子里不是满满的饼干，

而是只有一半。

我很快就把饼干吃光了，

有点生气，感觉被欺骗了。

如果只放这么点儿饼干，

为什么要把包装袋做得这么大呢？

你也有打开饼干包装袋后失望的经历吧？

与大大的包装袋相比，饼干显得有点少。

鼓鼓的饼干袋中装着的是氮气和饼干。袋子里竟然有无色无味的氮气，真的令人难以置信，但这是事实。

也就是说，我们买饼干的同时还买了一种叫氮气的物质。

氮气只由氮一种元素构成

像这样，仅由一种元素构成的纯净物叫作**单质**。氢气、氧气、臭氧等气体或者金、铜等金属都是单质。

水是由氧和氢两种元素构成的。像这样，由两种或两种以上元素结合而成的纯净物叫作**化合物**。

地球上的一切物质都是由一种元素或者多种元素组成的。

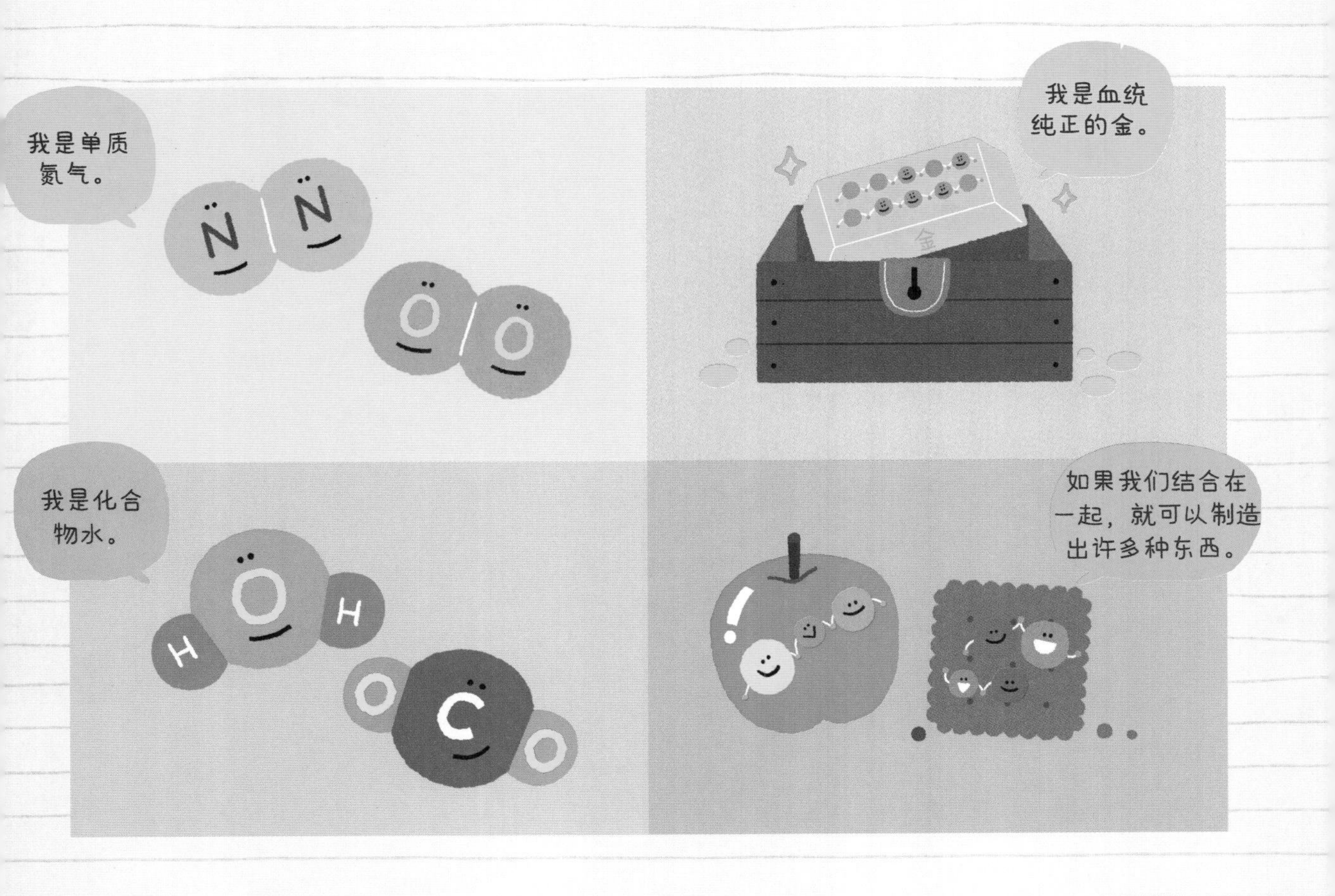

将构成单质或者化合物的元素用简单符号标记，更容易辨认出来。

H 氢　O 氧　C 碳　N 氮

He 氦　Na 钠　Ca 钙

O_3 臭氧　H_2O 水　CO_2 二氧化碳

我是仅由氧元素组成的单质！

是不是一眼就能看出这是化合物？

为什么要在饼干袋里放入不能吃的氮气呢？

这肯定是有原因的。氮气可以保证我们随时吃到酥脆、新鲜的饼干。在饼干袋中填充氮气，可以防止饼干变质、变味。

另外，氮气起到了缓冲的作用，饼干即使受到外部冲击也不会碎掉，可以长期保持饼干的品质。

就像氮气可以防止食物变质，很多元素都具有自己独特的性质。充分了解不同元素的性质，有利于我们合理使用不同的物质，还可能有神奇的新发明。

来了解一下我们身边有代表性的元素和它们的性质吧。

我是破坏力
极强的
氢弹！

氧（O）

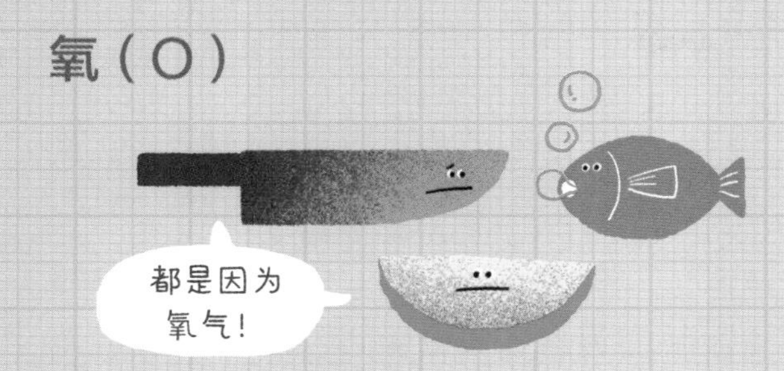
都是因为
氧气！

我们每天都吸入氧气，它们被运送到全身各个细胞。氧气可将营养物质氧化，为我们提供生存所需的能量。它喜欢与其他物质结合，会使金属生锈或者使水果褐变。另外，它还有助于各种物质燃烧。

碳（C）

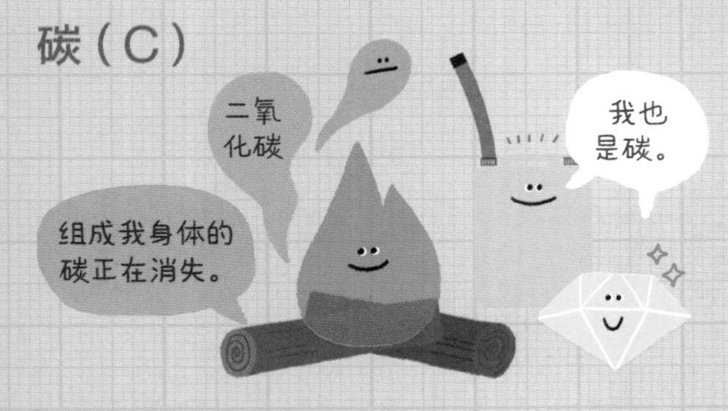
二氧
化碳
我也
是碳。
组成我身体的
碳正在消失。

碳是构成生命体所必需的元素，也是构成煤、石油等化石燃料的元素。碳容易与其他元素结合，可以生成超过1000万种化合物。

氦（He）

氦气比空气轻，不易燃烧，可充入广告气球、飞艇及食品包装袋内。

氢（H）

废气
环境保护
氢能是未来
的一种清洁
能源！

氢是“最轻”的元素（相对原子质量最小），宇宙中有很多。它可以与氧结合，生成水。氢气易燃、易爆，但不会释放污染物，因此可以作为替代石油的未来清洁能源。

氮（N）

啊，好冷！

空气中有大量的氮气和氧气。氮是构成蛋白质的元素之一。氮气不易与其他物质发生反应，所以可用于食品保鲜。在-196℃以下，氮以液氮的形式存在，所以还用于快速冷冻保存血液、海鲜等。

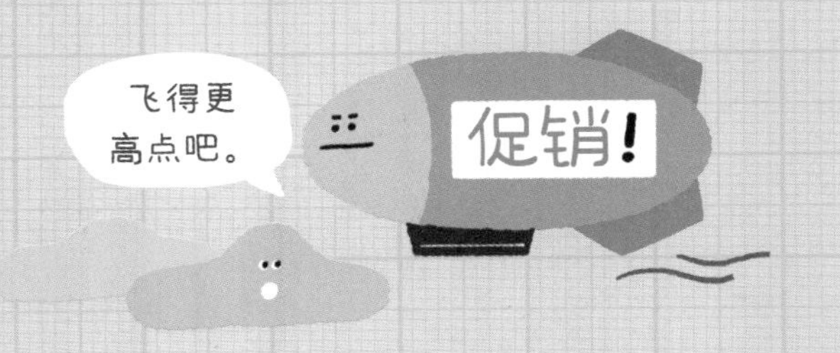
飞得更
高点吧。
促销！

饼干袋内的氮气是看不见的，所以不知道里面是不是真的有氮气。但有些元素的单质是有光泽的、坚硬的固体，是很容易看到的。它们是**金属元素**，可以导电，也容易导热，敲打时会发声，借助工具还可以将其弯曲。

温度计里的水银（汞）也是金属，不过是液态的。

铁（Fe）

铁坚硬且容易改变形状，但是与氧气结合会容易生锈。在我们的生活中，铁被制成建筑用品、机器、厨房用具等形形色色的物品。

在很多结实的物体上都可以找到它的影子。

铝（Al）

铝很轻且不容易生锈，有反射光的性质，这点可以从作为包装材料的铝箔看出。反射板、易拉罐、汽车、锅等也使用了铝。

我是铝罐，盛装饮料需要我！

除此之外，金属元素还包括铜、镁、钠、金、铅、钙等许多元素。金属可以导电，还可以用来制成坚硬的物体，是我们生活中不可或缺的物质。

重点笔记

地球上的一切物质都是由一种元素或者多种元素组成的。每种元素都具有自身独特的性质。它们构成人体、地壳和其他所有东西。

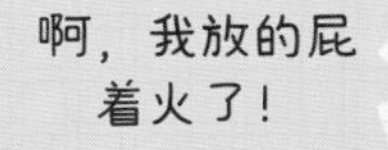

· 惊奇问答 ·

1 人放的屁真的会着火吗？

A 屁不仅有气味，而且还会着火，这到底是怎么回事？原来是因为屁中含有易燃物氢气和甲烷。这些物质是消化食物时产生的气体。

2 收集屁可以制造出炸弹吗？

A 如果收集一辈子，那应该可以制造出。但是收集屁可能会有点难，因为首先要发明出可以收集、储存屁的装置。

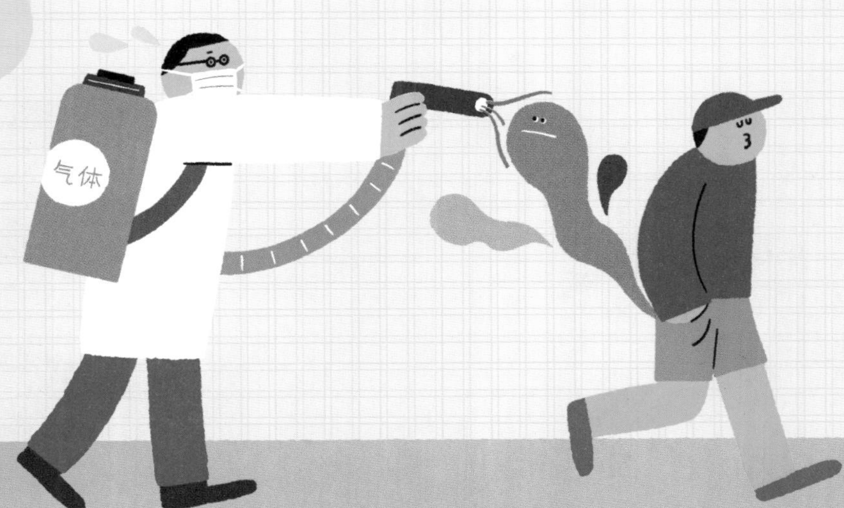

如何用铅笔芯制作钻石？

原子和分子

义务教育化学课程标准
元素、分子、原子与物质

现在我要用这个铅笔芯创造一个奇迹。
老师说过，铅笔芯和钻石都是由碳元素构成的。
又黑又容易断的铅笔芯竟然和晶莹剔透、
光彩照人的珍贵宝石——钻石成分相同。
太神奇了！
那肯定有让铅笔芯变身为钻石的秘诀！
稍等一下哟！我给你看制造钻石的奇迹。

用铅笔芯制造钻石?

这是一件很有挑战性的事情。开始研究前，我们先得弄清楚铅笔芯的真实身份。

铅笔芯是用石墨制成的。石墨做的铅笔芯被一切再切会变成什么呢？是不是很难想象？如果可以无限切下去，它会变成一种肉眼看不见的小粒子——**原子**。石墨是由碳原子构成的。

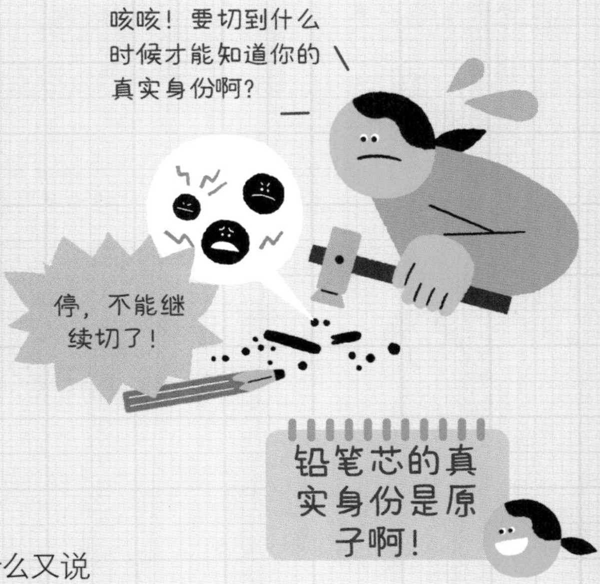

咳咳！要切到什么时候才能知道你的真实身份啊？
停，不能继续切了！
铅笔芯的真实身份是原子啊！

等一下，之前说过物质由元素构成，为什么又说原子构成了物质呢？元素和原子哪一个才是真正构成物质的基本单元呢？两者都是。物质是由分子、原子等微观粒子构成的。从宏观上看，物质又是由一种或多种元素组成的。比如：二氧化碳的组成元素是碳和氧两种元素；一个二氧化碳分子则由一个碳原子和两个氧原子构成。那分子又是怎么回事呢？继续往下看！

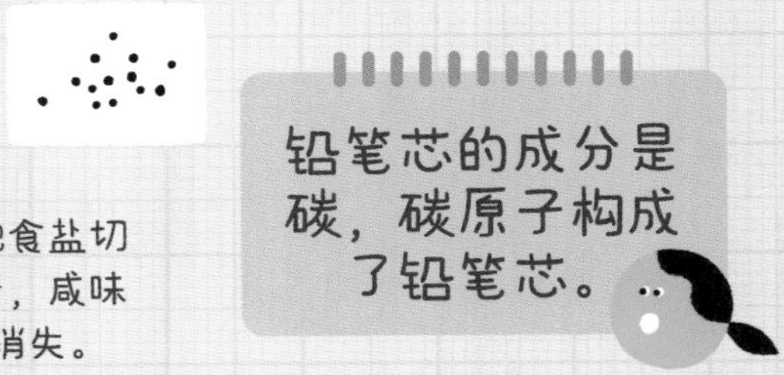

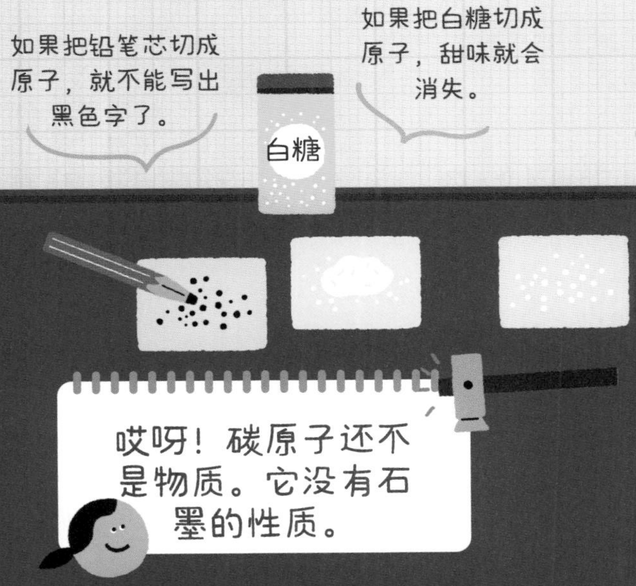

铅笔芯是由碳元素构成的……而且还由碳原子构成？
铅笔芯的成分是碳，碳原子构成了铅笔芯。
如果把铅笔芯切成原子，就不能写出黑色字了。
如果把白糖切成原子，甜味就会消失。
白糖
如果把食盐切成原子，咸味也会消失。
哎呀！碳原子还不是物质。它没有石墨的性质。

知道铅笔芯是由碳原子构成的，那现在可以用石墨制造钻石了吗？还不行。只用碳原子无法体现石墨又黑又容易断的性质和钻石晶莹剔透、闪闪发光的性质。现在碳原子既不是石墨，也不是钻石。

原子互相结合能显现出物质性质

原子相互结合会形成**分子**，分子能体现出物质性质。

1个氧气分子是由2个氧原子结合而成的。

1个水分子是由1个氧原子和2个氢原子结合而成的。

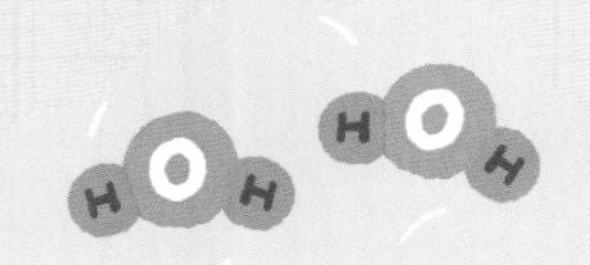

石墨是由许多碳原子组成的。

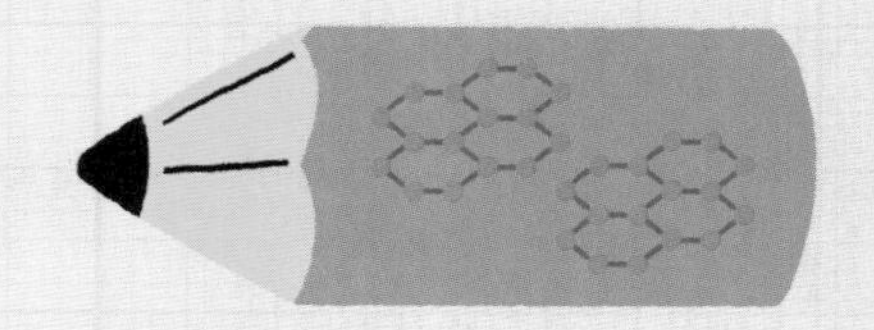

构成世界的许多物质，成为分子后会表现出物质性质。分子会形成氧气、水珠等。

另外，不同分子组合在一起，形成我们身体的细胞，从而成为眼睛、骨头和肌肉。

原来是这样！碳原子结合在一起就具有了石墨的性质。

组成每种分子的原子种类、数量、结合方式不同，形成的物质性质就不相同。

如果结合的原子种类不同，当然会成为完全不同的分子。

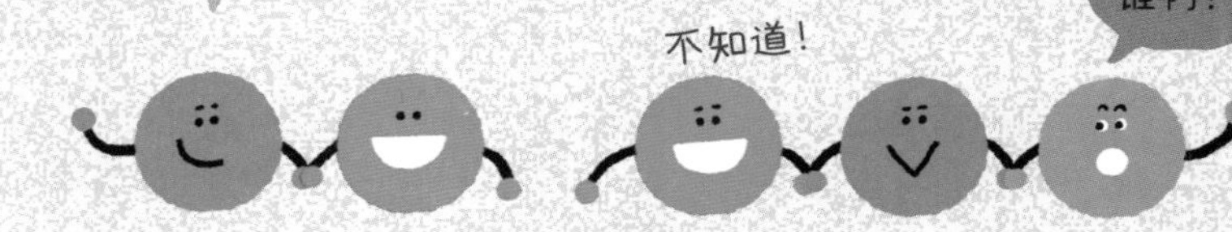

由同种原子结合构成时，如果原子数量不同，也会形成不同性质的物质。

我是呼吸时离不开的氧气。

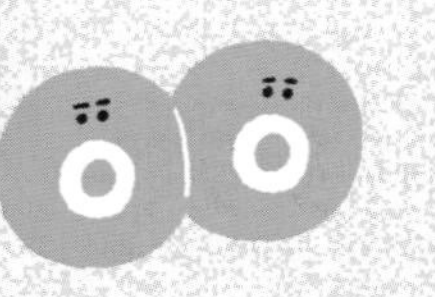

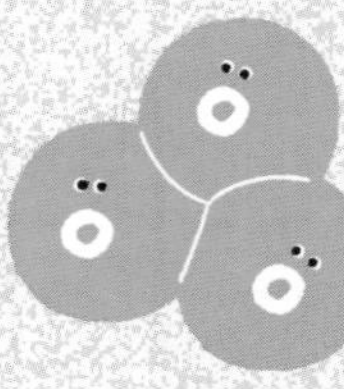

我是臭氧，可以在大气层中阻挡紫外线，但是对人体有害。

由同种原子结合构成时，如果排列方式不同，也会成为不同的物质。

我是平面层状结构。

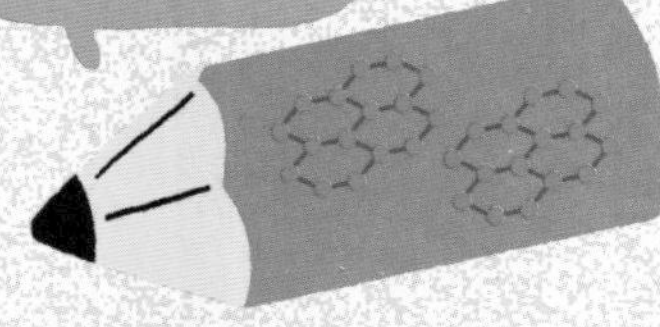

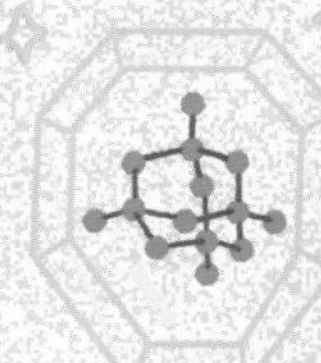

我是立体网状结构。

现在离揭开铅笔芯变钻石的秘密更近一步了。铅笔芯和钻石是仅由碳原子构成的物质，但是碳原子的排列方式不同，所以空间结构也不同，从而形成了黑黑的石墨和晶莹剔透的钻石。它们都是碳原子组成的，相差怎么这么大呢？你说公平吗？正是由于原子通过很多种方式结合，才能仅用118种元素就制造出世界上种类繁多的物质。

哦，原来石墨变钻石的秘密是原子的排列方式啊！

知道了相同的碳原子变身为石墨和钻石的秘密，现在就可以挑战用石墨制造钻石了吧？要想把石墨变为钻石，需要巨大的压力和高温才行。只有在地下150千米处才会具备这些条件。这是一项非常艰难的事情。现在我们已经能通过对石墨施加高温高压制造出人造钻石了。不过人造钻石质量差，所以只用于工业。只要不断地进行研究和实验，总有一天我们会创造出铅笔芯变身成真正钻石的奇迹。

重点笔记

原子结合构成分子，分子能体现出物质性质。构成分子的原子种类、数量、结合方式不同，形成的物质性质就不同。

惊奇问答

原子是构成物质的最小粒子吗？

存在比原子更小的粒子！

事实上，早在20世纪初人们就已经知道原子可以被分为更小的粒子——质子、中子、电子。质子和中子构成原子核，电子在其周围运动，这就是原子的结构。现在科学家正在研究更小的粒子的世界。夸克、中微子、μ子、希格斯粒子……这些都是你头一回听说的词语吧？据说希格斯粒子是填满宇宙所有空间的粒子，能够成为解开宇宙诞生奥秘的重要线索。真是令人惊奇的小粒子世界！

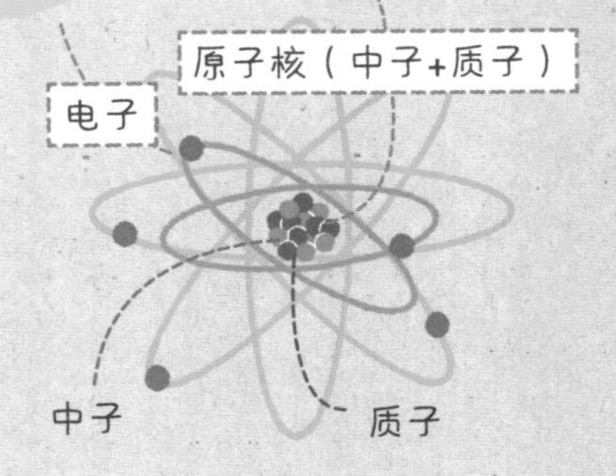

没啥好羡慕的。
我可以看到原子核里有六种不同的夸克，上夸克、下夸克、奇夸克、粲夸克、底夸克、顶夸克。
哈哈哈！
我围绕着原子核嗖嗖地运动。
原子核（中子+质子）
电子
中子
质子

凉爽的牛奶冰西瓜真解暑！

物质的三种状态

义务教育科学课程标准
物质的三态变化

义务教育化学课程标准
物质的组成

我最喜欢夏天了！
烈日炎炎的中午，
我从游乐园出来，汗流浃背地回到家里，
妈妈会用熟透的西瓜给我做牛奶冰西瓜。
她先把西瓜切成两半，
再用勺子把果肉加工成圆圆的形状，
之后放入牛奶和冰块，再加上汽水，
这样牛奶冰西瓜就完成了！
牛奶冰西瓜特别清脆，又甜又凉，好吃极了。
“嗝儿！”牛奶冰西瓜可能吃太多了，都打嗝儿了。
夏天最解暑的就是凉爽的牛奶冰西瓜。

牛奶冰西瓜是夏天的专属美味

只要有牛奶冰西瓜，就可以凉爽地度过夏天了。吃完了来观察一下牛奶冰西瓜中各种物质的形态吧。

先来看看坚硬的冰块和清脆的西瓜。这些都是可以用手摸得到而且有形状的固体。其次是汽水和牛奶。它们都是不用咀嚼，可以流动的液体。最后，还隐藏着一种物质，有着刺激的口感，还让人打嗝儿，这种物质是什么呢？用肉眼根本看不见啊。

在牛奶冰西瓜里，可以发现这么多不同状态的物质。它们以**固体、液体、气体**状态存在。我们周围的物质大部分以固体、液体、气体三种状态中的一种存在。

冰块和西瓜是固态的

冰块和西瓜有形状，可以用手摸到。这是固态物质所具有的特点。固体摸起来会有硬硬的、松软的、粗糙的、光滑的等不同感受。固体可以被用力掰开，但是形状或大小不会轻易改变。

像白糖、食盐、沙子、土壤等粉末状的物体，看上去没有固定形状，它们也是固体吗?

我们可以把这些粉末状物质放到放大镜下看看。通过放大镜我们可以看到，这些小颗粒呈三角形、方形或圆形等形状。这样我们就能马上知道它们是固体了。

牛奶冰西瓜中的牛奶和汽水是液态的

液体具有可流动、没有固定形状、容易变形等特点。其形状会根据容器的形状而发生变化。但是液体的体积不会变，和原来是一样的。

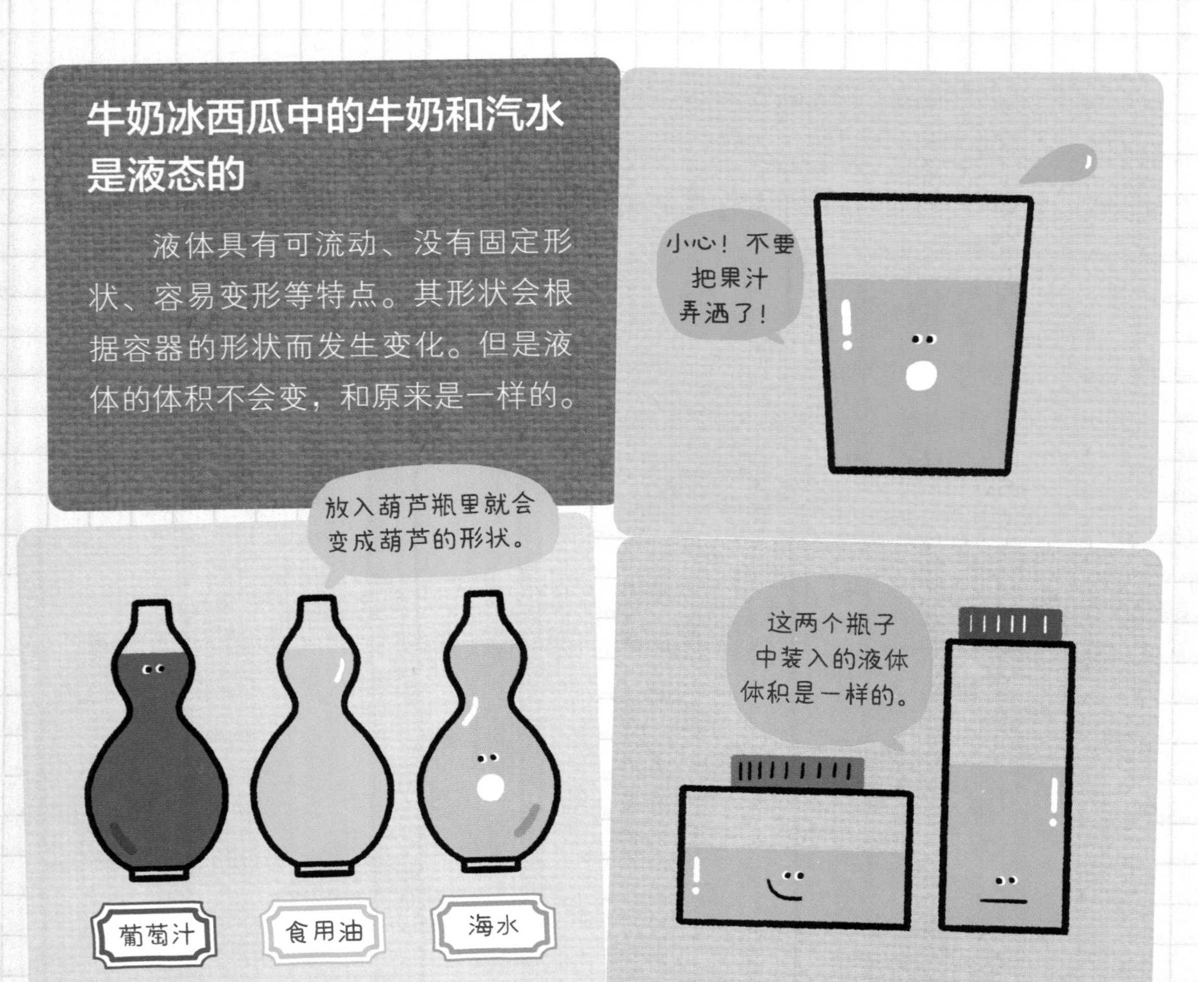

气态的二氧化碳？

加入汽水的牛奶冰西瓜会有刺激的口感，还会让人打嗝儿。这是因为溶解在汽水内的二氧化碳释放出来了。二氧化碳是气态物质，看不见也摸不着，有立即向四周扩散的性质。而且气体的形状和体积也不是固定的，而是会随容器的形状改变而发生变化。

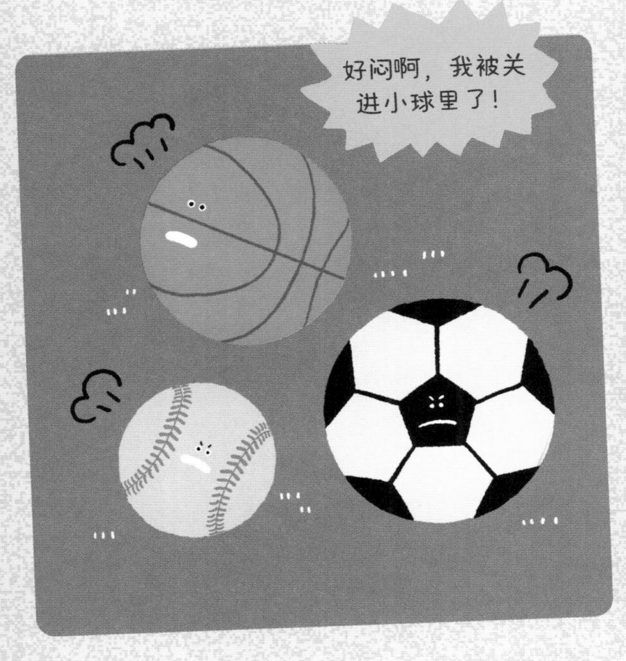

为什么固态、液态、气态物质会呈现出不同的性质呢？

这个秘密藏在肉眼看不见的小分子里。

构成每种物质的分子间距是不同的。有的物质中分子之间很紧密，有的离得有点远，有的离得非常远，有的物质中分子基本不运动或很少运动，而有的物质中分子可以自由运动，这些体现出的物质性质各不相同。

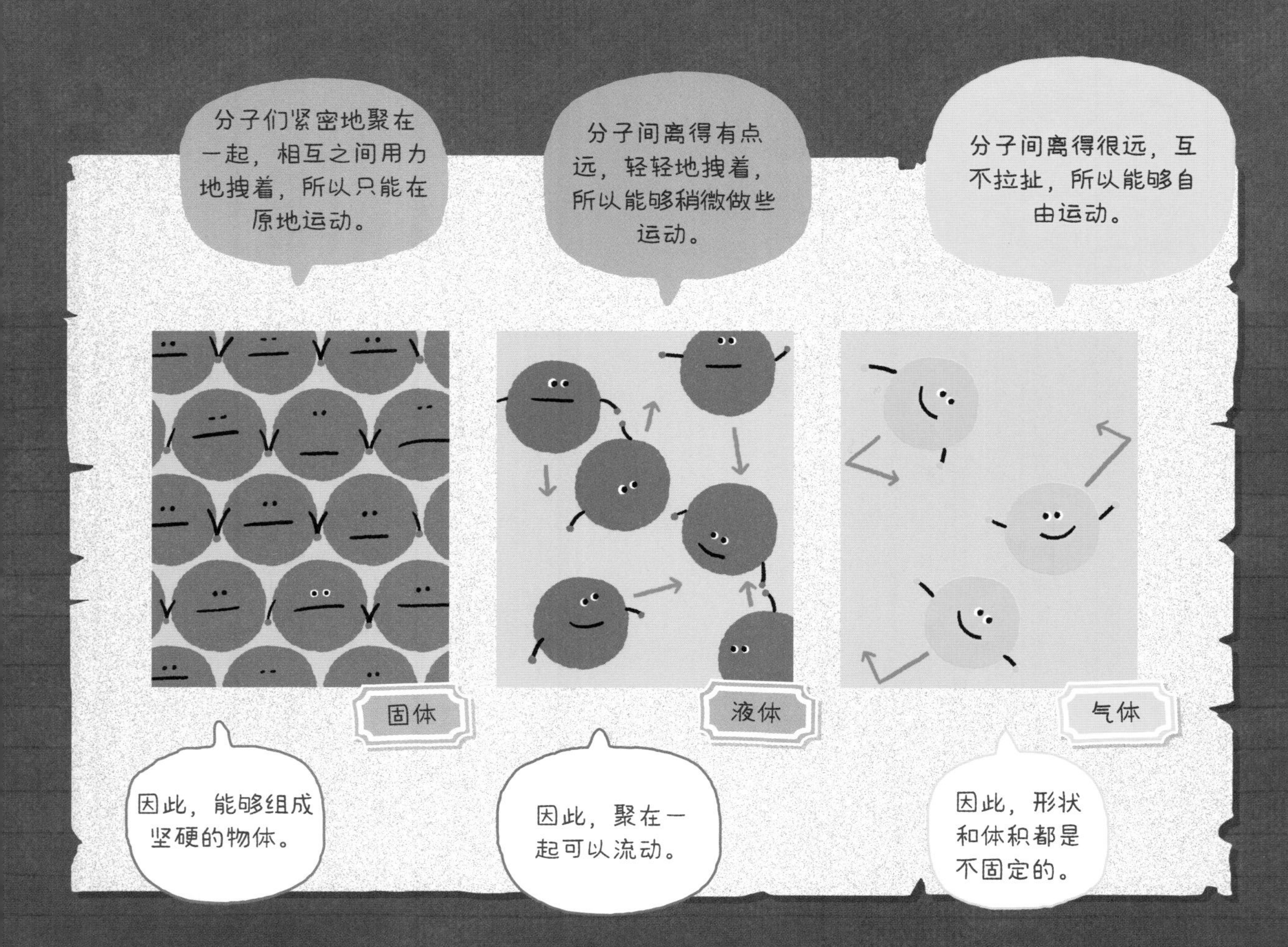

分子们紧密地聚在一起，相互之间用力地拽着，所以只能在原地运动。
分子间离得有点远，轻轻地拽着，所以能够稍微做些运动。
分子间离得很远，互不拉扯，所以能够自由运动。
固体
液体
气体
因此，能够组成坚硬的物体。
因此，聚在一起可以流动。
因此，形状和体积都是不固定的。

重点笔记

我们周围的物质大部分都是以固体、液体、气体三种状态存在的。

固体的形状是固定的，液体会流动，气体没有固定的体积和形状，容易向四周扩散。物质的性质取决于构成物质的分子之间的距离和分子运动的程度。

惊奇问答

又甜又软的果冻是液体还是固体呢？

又甜又软的果冻什么时候吃味道都很好。放入嘴里，嚼起来软软的，一会儿就消失了。虽然果冻不会像水一样流动，但也会随着装入的容器不同而改变其形状。看起来坚硬，其实并不坚硬；似乎会流动，但又聚在一起。那果冻是固体还是液体呢？

物质大部分以固体、液体、气体三种状态存在，但有种凝胶（gel）状态的物质比较特殊，也叫胶体（colloid）。它就像果冻一样，形状像固体，但又软软的，所以会像液体一样，根据装入的容器不同而改变形状。布丁、牙膏、凉粉之类的物质都是凝胶状态的物质。

大原木为什么会漂浮在河里呢？

密度

义务教育科学课程标准
物质具有一定的特性与功能

义务教育化学课程标准
物质的多样性

带来强风和暴雨的台风过去了，
很多东西都掉到河里去了。
泡沫塑料、塑料袋之类轻的东西漂浮在水面上，
玻璃瓶、铁钉、砖块之类重的东西沉到了河底，
由此可以想象一下台风有多可怕。
但是大原木为什么会在河中漂浮着呢？
沉重的大原木不是应该沉入河底吗？

猜猜看，是不是轻的物体会漂浮在水面上，重的物体会下沉到水底？像房子一样大，一个人无法抬起的泡沫箱，也会沉入水中吗？其实泡沫箱无论多重，都会浮在水面上。相反，如果把又小又轻的铁钉扔到水里，它会立马沉入水底。

也就是说，并不是物体重就一定会沉入水底。

物体漂浮还是下沉，取决于它的**密度**。

我也想沉入水里，但那是无法实现的梦想。
据说是因为密度！

密度是什么呢？

有两个大小相同的箱子。一个箱子装有很多棒球，而另一个箱子只装着几个棒球，哪个箱子里的棒球更密呢？当然是棒球多的更密。像这样，密度实际上反映了构成不同物质的分子排列的疏密程度。

棒球越多，密度越大。
棒球越少，密度越小。

两个大小相同的箱子，如果一个箱子中装满棒球，另一个箱子中装满铁珠，哪个箱子更沉呢？对，装满铁珠的箱子更沉。更沉的箱子也是密度更大的箱子。体积相同时，密度大的物体更沉，密度小的物体更轻。**密度等于物质的质量与它的体积的比值。**

吭哧吭哧！棒球装得越多越沉！
装铁珠的箱子密度更大。

我们知道物质是由粒子聚合而成的。粒子的密集程度及粒子的质量大小决定了物质的密度。分别测量体积相同的泡沫箱和铁的质量，你会发现，泡沫箱更轻，铁更重。这就说明泡沫箱的密度小于铁的密度。

又大又沉的原木漂浮在河面上是神奇的事情吗？

一点儿也不神奇，这是十分正常的事情。物体浮在水面上或沉入水中是因为其与水的密度有差距。密度比较的是相同体积的物质质量。大原木的密度比水小，所以会漂浮在河面上。改变物质的形状或大小，密度也不会改变。把金子和树变成其他形状或者切成碎片，金子还是金子的密度，树还是树的密度。**每种物质的密度是不同的，密度可以作为区分物质的特征。**

哪些物质会浮在水面上，哪些物质会沉入水中呢?

比较各种物质的密度与水的密度的差异就可以轻松知道答案。

准备泡沫箱、木头、砖块、玻璃、铁、金等物体，然后在密度为1克每立方厘米（克每立方厘米是表示密度的单位）的水中放入这些物质。比水密度大的砖块、玻璃、铁、金会沉入水中，比水密度小的木头、泡沫箱会浮在水面上。

现在知道了吧？正因为物质的密度小于水或大于水，物质才会浮在水面上或沉入水中。沉或浮并不是由物质的体积或质量决定的，而是由密度差异决定的。

以水为标准比较泡沫箱、木头、铁等物质的密度，就可以轻松知道密度差异了。密度比水大的会沉入水中，密度比水小的会浮在水面上。通过比较密度大小，我们可以一眼看出哪些物质会浮在水上，哪些会沉入水中。

物质	泡沫箱	木头	水	砖块	玻璃	铁	金
密度（克每立方厘米）	0.2	0.8	1	2	4	8	19

我的密度是0.95克每立方厘米左右。勉强可以浮在水中。

在我们的生活中，利用密度差异的东西还有很多

①救生衣

在救生衣中充满空气后，由于体积变大，质量基本不变，救生衣的密度会变小。所以，穿上救生衣后，人会浮在水面上。

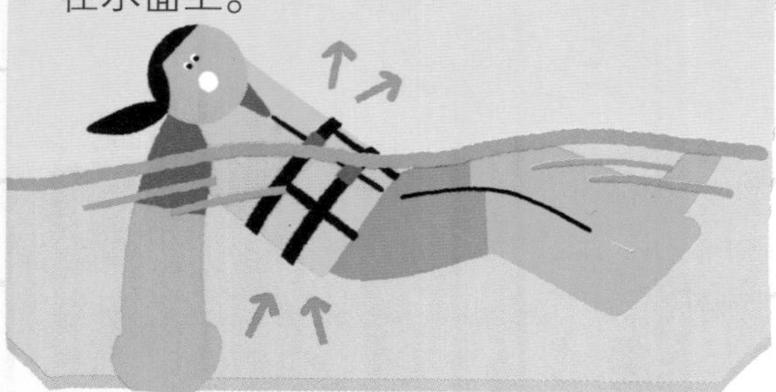

②热气球

在热气球中充入氦气后，热气球的密度会小于周围的空气，所以热气球会飞上天空。

③挑选新鲜鸡蛋

把鸡蛋放入水中，可挑出新鲜鸡蛋。新鲜的鸡蛋会沉入水中。放置时间长的鸡蛋因为内部气室变大，密度变小，所以会浮在水面上。

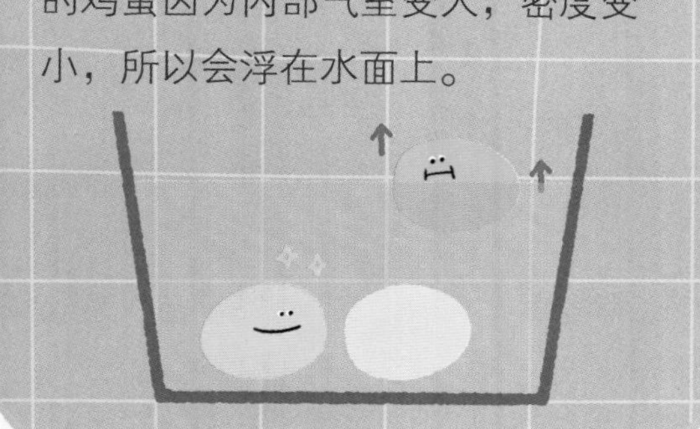

④空调

空调的冷风从高处吹出来。冷空气密度大，会向下流动，所以整个房间都会变得凉爽。

重点笔记

密度等于物体的质量与它的体积的比值。密度大于水的物质会沉入水中，密度小于水的物质会浮在水面上。

惊奇问答

巨大的潜水艇是如何在海中上浮和下沉的呢?

巨大的潜水艇是用沉重的钢铁制成的。潜水艇是如何下潜到海底后再浮上水面的呢? 钢铁比水的密度大，应该会沉入水中啊!

1 会不会是像鸭子一样，在水中不停地用蹼拨水呢?

2 在潜水艇下面附上巨大的透明救生圈，下潜时再取下来?

3 像热气球一样，把空气注入潜水艇里，下潜时再排出来?

潜水艇可以上浮和下潜的秘密在于空气。潜水艇主要是用金属制成的，里面有一个叫作压载水舱的地方可以充气。如果这个舱内的空气变多，潜水艇的密度会变小，就可以浮在水面上了。相反，如果要下潜，就往这个舱内注入海水。这样潜水艇的密度会变大，就可以沉到海底了。

哈哈，正确答案是3哟。你答对了吗?

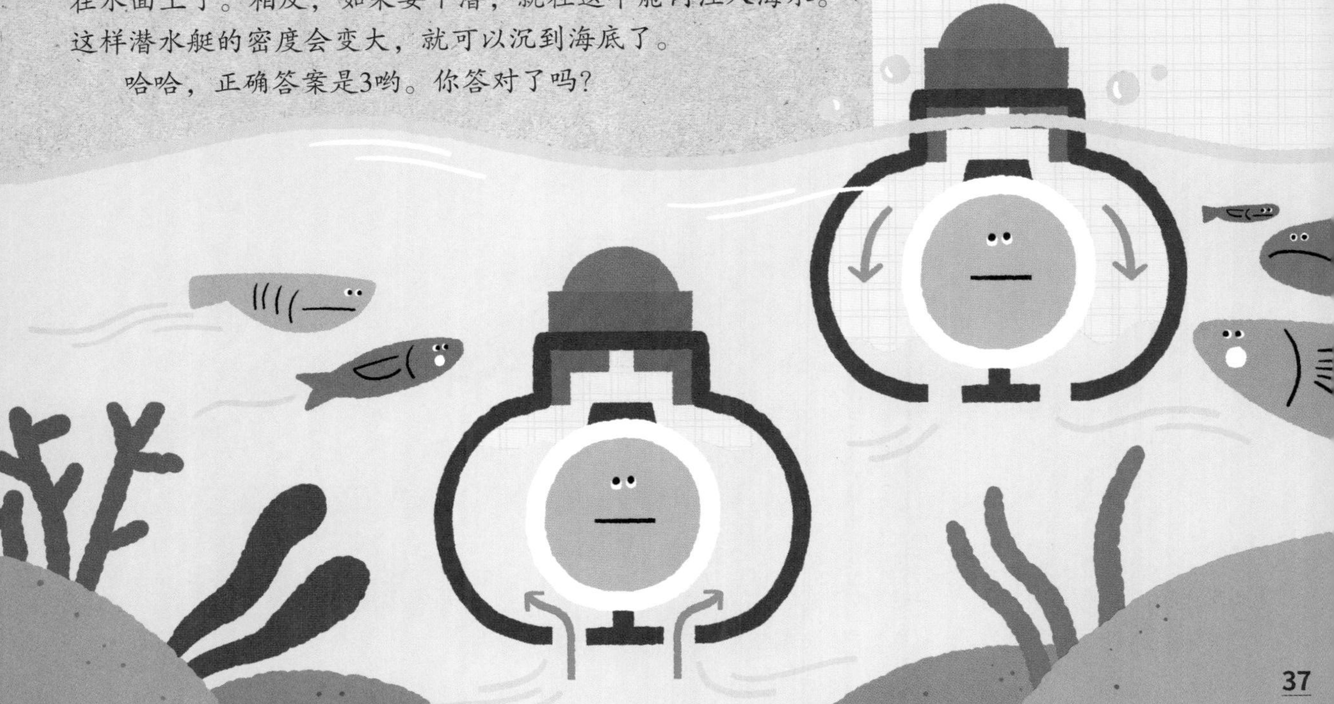

酸黄瓜怎样做才好吃？

义务教育科学课程标准
物质的溶解和溶液

义务教育化学课程标准
常见的物质

在朋友家吃了很多的酸黄瓜。
酸酸甜甜的，正合我的口味。
恰好冰箱里有黄瓜，
我也想尝试着做一些。
嗯，有甜味和酸味，
那就在黄瓜上撒上白糖和食醋，
搅拌均匀就可以了吧？
终于做好了，尝一口。
黄瓜的味道好像太淡了。
我以为像泡菜一样，发酵以后味道会好一点儿，
所以过了一天又尝了一下。
哎呀，有的黄瓜甜，有的黄瓜酸。
怎么样才能做出好吃的酸黄瓜呢？

制作好吃的酸黄瓜也需要懂科学

白糖的甜味和食醋的酸味需要很好地融入黄瓜中才好吃，直接在黄瓜上撒白糖和食醋效果并不好。

为了更好地入味，需要将黄瓜浸泡在白糖和食醋的混合液中。现在我们来了解一下制作酸黄瓜的核心调料——糖醋水的制作方法，用科学的力量制作出清脆好吃的酸黄瓜。

为了做出酸黄瓜酸甜可口的味道，首先要做好糖醋水

白糖溶于水后搅拌均匀就会成为糖水，这种现象叫作**溶解**。白糖溶于水后形成的糖水混合物叫作**溶液**。制作溶液时，像白糖一样被溶解的物质叫作**溶质**，像水一样溶解白糖的液体叫作**溶剂**。这些名称都包含一个“溶”字，“溶”就是“溶解”的意思。

白糖溶于水后会发生什么呢?

白糖会变成完全不一样的形态。形状和颜色都看不见了，吃起来也没有硬硬的固体的感觉了。

白糖为什么会变身呢？让我们来观察一下构成白糖的分子的变化吧。白糖是固体，所以分子会静静地待着。但如果白糖进入水中，白糖分子和水分子会相互吸引。因为吸引力越来越大，白糖分子会分散开来。肉眼看不到的小白糖分子会均匀地混合在水分子中。这样混合后，白糖的白色会消失，变成透明的白糖溶液。即使放置很长时间，白糖溶液中的白糖也不会沉淀，倒在滤纸上也不会被过滤出来。

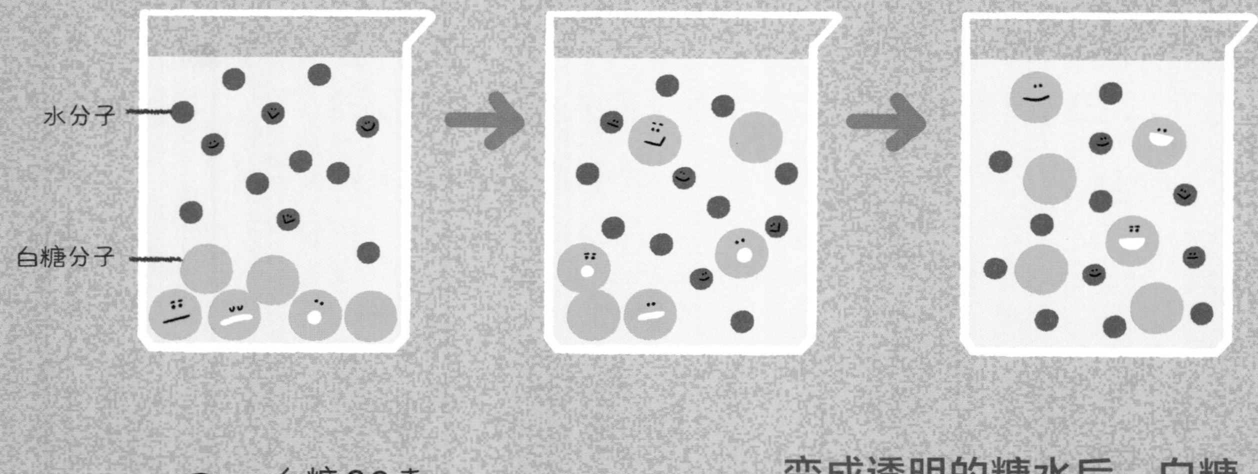

变成透明的糖水后，白糖是消失了吗?

让我们测量一下质量就知道了。测量溶化前的白糖和水的质量，还有溶化后糖水的质量，我们发现质量是相同的。也就是说，白糖溶解后并没有消失。白糖小分子均匀地溶解在溶剂中变成了溶液，所以才会看不出原来的样子。

用方糖也可以做酸黄瓜吗?

如果没有粉末状的白糖而只有方糖，该如何使它溶于水中呢?

方糖溶于水的速度比粉末状白糖慢，真让人着急。这时候不要静静地放着，搅一搅可以使方糖更快地溶解。或者将方糖敲碎，也有利于方糖更快地溶解。

我想多放点白糖制作浓稠的糖水!

往水中不断放入白糖，糖水会越来越浓。溶质越多，溶液会更浓或者颜色会更深。但是白糖不能被无限量地溶解。白糖溶解一定量后就不会继续溶化了，而是以固体形态留下来。这时，搅拌得再快也无济于事。

一般来说，每种溶剂可以溶解的溶质的量是固定的，超过这个数量就不会继续溶解。如果还想继续溶解怎么办呢? 有办法的! 把水温调高即可。与凉水相比，热水可以更快更多地溶解溶质。

如果想制作酸黄瓜，需要在糖水中放入食醋

在糖水中放入食醋，可以制作出酸甜风味溶液。我们可以通过在液体溶剂中加入白糖等固体溶质制成溶液，也可以通过在液体溶剂中混合食醋等液体制成溶液。

我们喜欢喝的碳酸饮料是通过将二氧化碳气体溶解在液体中制成的。

固体物质、液体物质、气体物质都可以成为溶质，均匀地溶解在溶剂中制成溶液。

那现在让我们把黄瓜切好后放入水、白糖、食醋混合在一起形成的溶液中，做成酸甜可口的酸黄瓜吧！

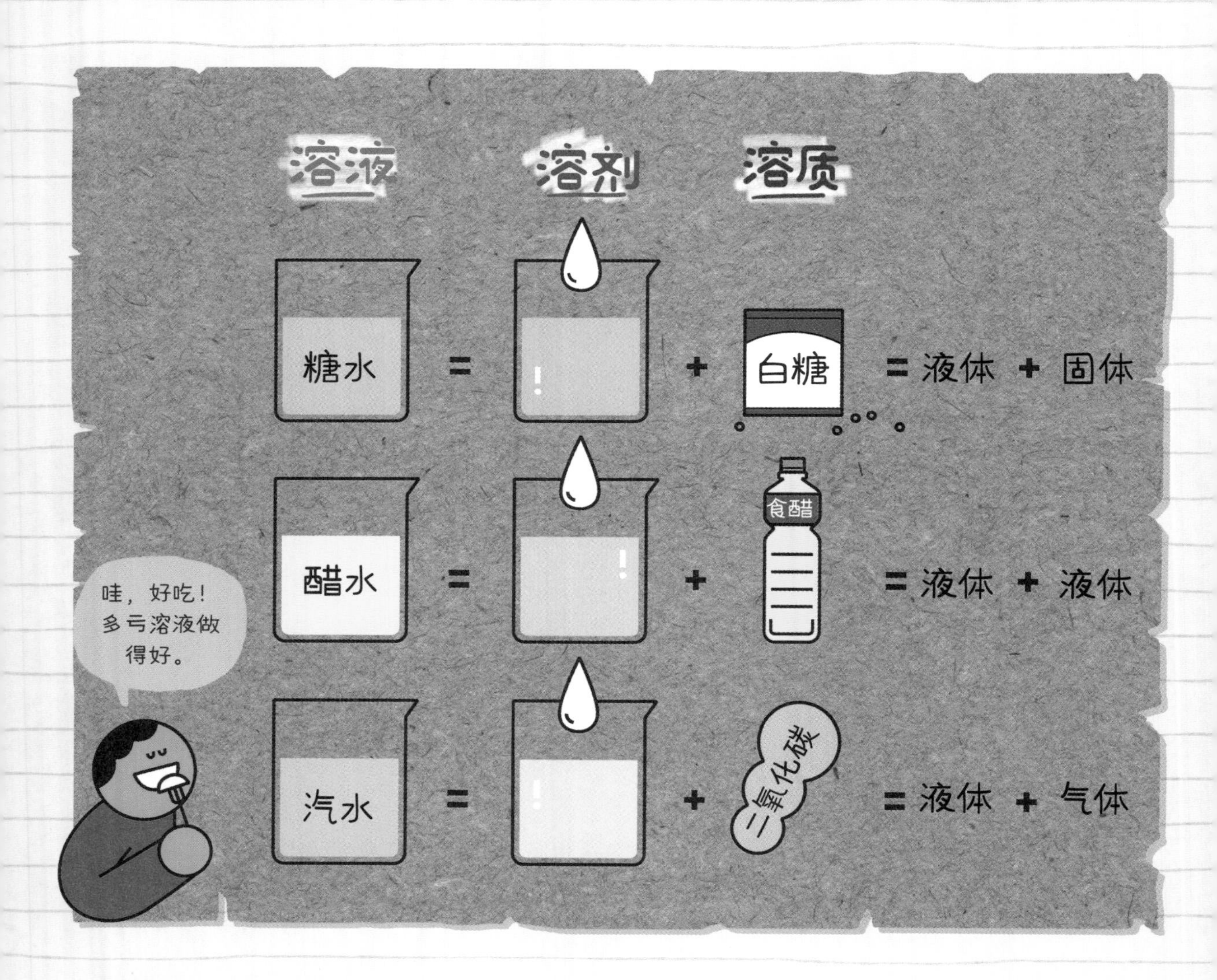

重点笔记

物质溶于水等液体中并被均匀混合的现象叫作溶解。被溶解的物质叫作溶质，溶解溶质的液体称为溶剂，溶质和溶剂混合而成的物质是溶液。溶液是由溶质分子均匀地混合在溶剂分子之间而形成的。

惊奇问答

地下出现了一个大窟窿?

新闻中偶尔会报道地底下出现巨大窟窿，导致地面沉下去的事件。这到底是怎么回事呢?

A 这样的窟窿叫落水洞（sinkhole）。盲目大量使用地下水会产生落水洞。但如果发生在石灰石地带，则是由地下水将地底下的石灰岩慢慢溶解导致的。石灰岩是易溶于水（含二氧化碳）的岩石。溶洞也是由于石灰岩溶于水（含二氧化碳）而形成的。

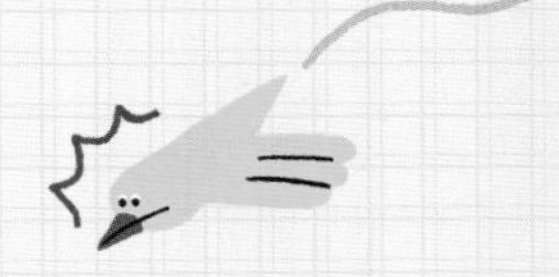

为什么游泳时间一长，手指头就变得皱巴巴的？

浓度和渗透作用

义务教育科学课程标准
物质具有一定的特性与功能

义务教育化学课程标准
常见的物质

我和爸爸一起去游泳馆游泳。
我也想游得像爸爸那样好，
但一想要漂浮就会立刻沉下去。
为什么浮在水面上这么困难呢？
爸爸说：“哈哈，在海里容易浮起来。
到了夏天，我们去海里游泳吧。”
在海里真的会容易浮起来吗？
在游泳池里待久了，
我的手指头变得皱巴巴的。
我的手是怎么了？不会是得了皮肤病吧？

要想游得好，首先要学会在水中漂浮

在游泳池中浮起来并不简单。当然，掌握方法以后就能浮起来，而且在海里会比在游泳池里更容易浮起来。这是为什么呢？

现在我们先了解一下两者有什么不同吧。海水和游泳池中的水含盐量是不同的。海水中含有更多的盐，游泳池的水中只含有少量的盐。单位体积溶液中所含溶质的量叫作**浓度**。浓度表示的是溶液的浓淡程度。

溶液的浓度高，说明溶解的溶质多；溶液的浓度低，说明溶解的溶质少。海水中溶解了大量的盐，因此比游泳池中的水浓度高。

如果在杯子中装入海水后再加入盐或水，浓度会发生什么变化呢？如果加入盐，浓度会变高；如果加入水，浓度会变低。像这样，溶液的浓度会随着溶质或溶剂的量发生变化，所以浓度无法成为物质的特性。

有没有分辨浓度高低的方法呢？

往海水中加入盐或水，即使溶液浓度发生改变，我们用肉眼也看不出浓度差异。那怎样才能知道溶液的浓度呢？

有些溶液可以通过颜色知道浓度。对于像红糖水这样有颜色的溶液就可以马上知道浓度大小。一般来说，**浓度越高，颜色越深。**在水中加入酱油，也可以很轻松地知道，添加的酱油越多，溶液颜色越深，浓度越高。

颜色越深，浓度越高。

酱油

水

加入的酱油越多，颜色越深。

像食盐水或糖水这样没有颜色的可食用溶液，**可以通过品尝味道知道浓度。**尝一口，我们的舌头就会告诉我们咸、甜的程度。做菜时放入食盐或白糖后尝一下，就是为了确认浓度，调好味道。

说到尝溶液的味道，你是不是有点犹豫？你的犹豫是对的。有的溶液尝了以后会对身体有害。还有其他方法吗？**我们可以通过比较物体在溶液中的漂浮程度判断溶液浓度。**试着在水中放入鹌鹑蛋后不断地加食盐，你会看到食盐溶解后鹌鹑蛋渐渐浮上来的神奇现象。

食盐水的浓度越高，密度也就越大。因此比水密度稍大、比食盐水密度小的鹌鹑蛋会渐渐浮上来。

溶液浓度不同，物体漂浮的情况也不同。

海水比游泳池中的水浓度高，密度更大，所以在海水中人体更容易浮起来。

据说死海（亚洲的一个内陆盐湖）的含盐量是一般海水的8.6倍。人进入死海游泳，身体很容易浮起来，甚至可以在水面上躺着看报纸，也就是说，谁都可以在死海里游泳！

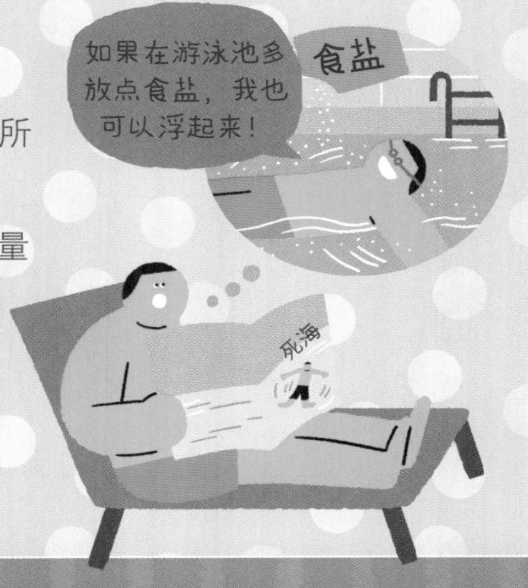

为什么在游泳池里待久了，手指会变得皱巴巴的？

还是因为浓度。准确地来说是因为浓度差异。

当半透膜（手指的细胞膜就属于半透膜）两侧的溶液有浓度差时，低浓度溶液中的水会向高浓度溶液移动，这时便会发生试图使彼此的浓度变得相同的现象，这种现象叫作**渗透作用**。

手指变得皱巴巴的，就是因为水从浓度较低的游泳池水中进入浓度较高的皮肤细胞内，导致皮肤肿胀变形了。

看一看因浓度差异而发生渗透作用的例子有哪些吧！

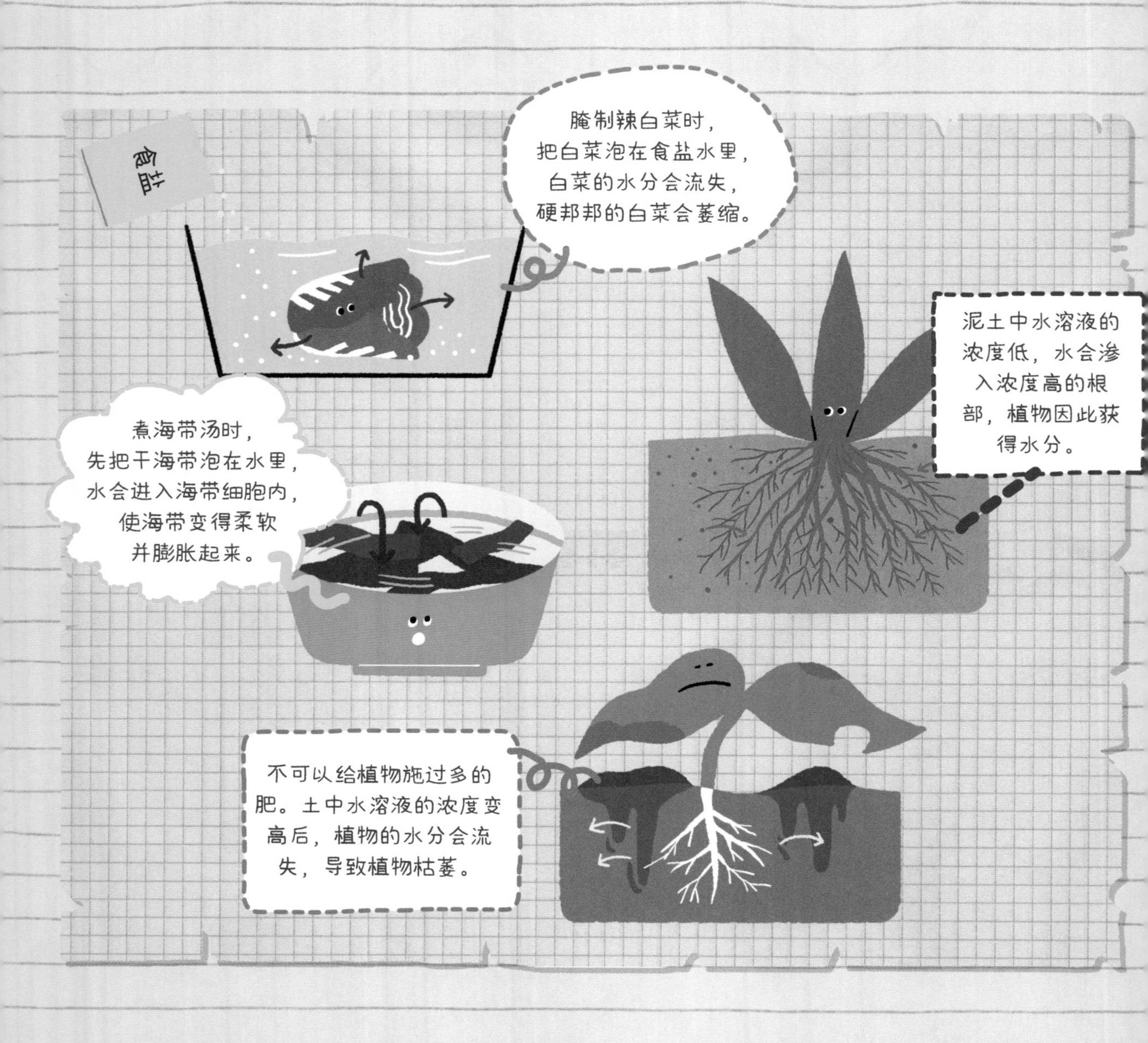

食盐
腌制辣白菜时，把白菜泡在食盐水里，白菜的水分会流失，硬邦邦的白菜会萎缩。
泥土中水溶液的浓度低，水会渗入浓度高的根部，植物因此获得水分。
煮海带汤时，先把干海带泡在水里，水会进入海带细胞内，使海带变得柔软并膨胀起来。
不可以给植物施过多的肥。土中水溶液的浓度变高后，植物的水分会流失，导致植物枯萎。

重点笔记

浓度指一定量溶液中所含溶质的量。我们可以通过比较颜色、尝味道、观察物体在溶液中的漂浮程度等来判断溶液的浓度大小。半透膜两侧的溶液有浓度差时，水会从浓度低的溶液向浓度高的溶液移动，这种现象叫作渗透作用。

· 惊奇问答 ·

鱼每天喝大量的咸海水也没事吗?

海水中盐的浓度很高。人如果直接饮用未经过淡化的海水，会生病，甚至可能死亡。但是在海水中生活的鱼，是如何生存下去的呢?

鱼虽然喝了大量咸咸的海水，但它们是可以把盐分排到体外的。鱼鳃中有调节盐分的膜，可以利用渗透作用把盐分过滤掉，只吸收营养成分。同时，它们还可以通过一点儿一点儿地排出盐浓度很高的尿，把盐排到体外。

为什么蛋黄酱会让碗变得不好刷？

纯净物、混合物、化合物

义务教育科学课程标准
物质具有一定的特性与功能

义务教育化学课程标准
物质性质的广泛应用

我邀请小伙伴们来家里玩。
妈妈做了很多好吃的食物，
有沙拉、紫菜包饭、炒年糕、果汁等。
刷碗当然是由我来负责了。
但是碗太滑了！
碗上到处都是油，我差点把碗摔碎了。
刷碗是一件特别辛苦的事情。
妈妈还特意嘱咐我：
“沾了蛋黄酱的碗要用凉水洗。”
为什么呢？

做沙拉用剩的蛋黄酱残留在碗里，要用凉水洗掉

如果知道蛋黄酱是由什么做成的，就可以轻松知道其中的原因了。让我们一起来做蛋黄酱吧。

科学小实验——制作蛋黄酱
把蛋黄单独分离出来。
食用油
放入食用油后用打蛋器搅拌。向同一个方向旋转！
水
如果有点稠就加点水，柔软一点儿才好。
放入食醋后再搅拌几下，香喷喷的蛋黄酱就诞生了！很简单吧？
食醋

现在你应该知道了，蛋黄酱是由蛋黄、食用油、食醋混合而成的，蛋黄酱遇到热水后，其中的食用油就会分离出来，沾在碗上很难洗掉。因此，不要忘记用凉水洗沾了蛋黄酱的碗，以免食用油分离出来。像蛋黄酱一样，由两种或两种以上物质混合而成的物质叫作**混合物**。我和小伙伴们一起吃的食物中混合了很多材料。

苹果、菠萝、橘子、小西红柿、葡萄干、蛋黄酱混合在一起。
米饭、海苔、菠菜、黄萝卜、鸡蛋、金枪鱼、胡萝卜混合在一起。

哇，沙拉中有蜂蜜的味道。
哈哈，在沙拉里稍微放了一点儿蜂蜜，你都尝出来了？
当然！因为我是美食家呀。

放入五颜六色水果的沙拉是什么味道？

各种味道都有！能尝出苹果、菠萝、橘子、小西红柿、葡萄干，还有蛋黄酱等各种食材的味道。所以，混合物只是将两种以上的物质混合在一起，混合后物质的性质一般不会改变。

物质只有混合物一种状态吗？

我们周围很多东西都是由两种或两种以上的物质混合而成的。但是也有像纯金、水、蔗糖这样，仅由一种物质构成的东西。它们就是**纯净物**。

两种或两种以上纯净物混合在一起就会构成混合物。

我一边吃沙拉，一边喝着装在玻璃杯中的黄色果汁。小伙伴看到后说:“橙汁看起来很好喝。”如果玻璃杯中装的是食盐水，喝之前应该很难知道这是一般的水还是食盐水吧？二者有什么区别呢？

由于构成混合物的物质均匀地混合在一起，因此食盐水看起来像是只有一种物质，类似这样的混合物叫作**均匀混合物**。相反，橙汁是物质没有均匀地混合在一起形成的**非均匀混合物**，所以橙汁和食盐水不同，能够用肉眼直接分辨。

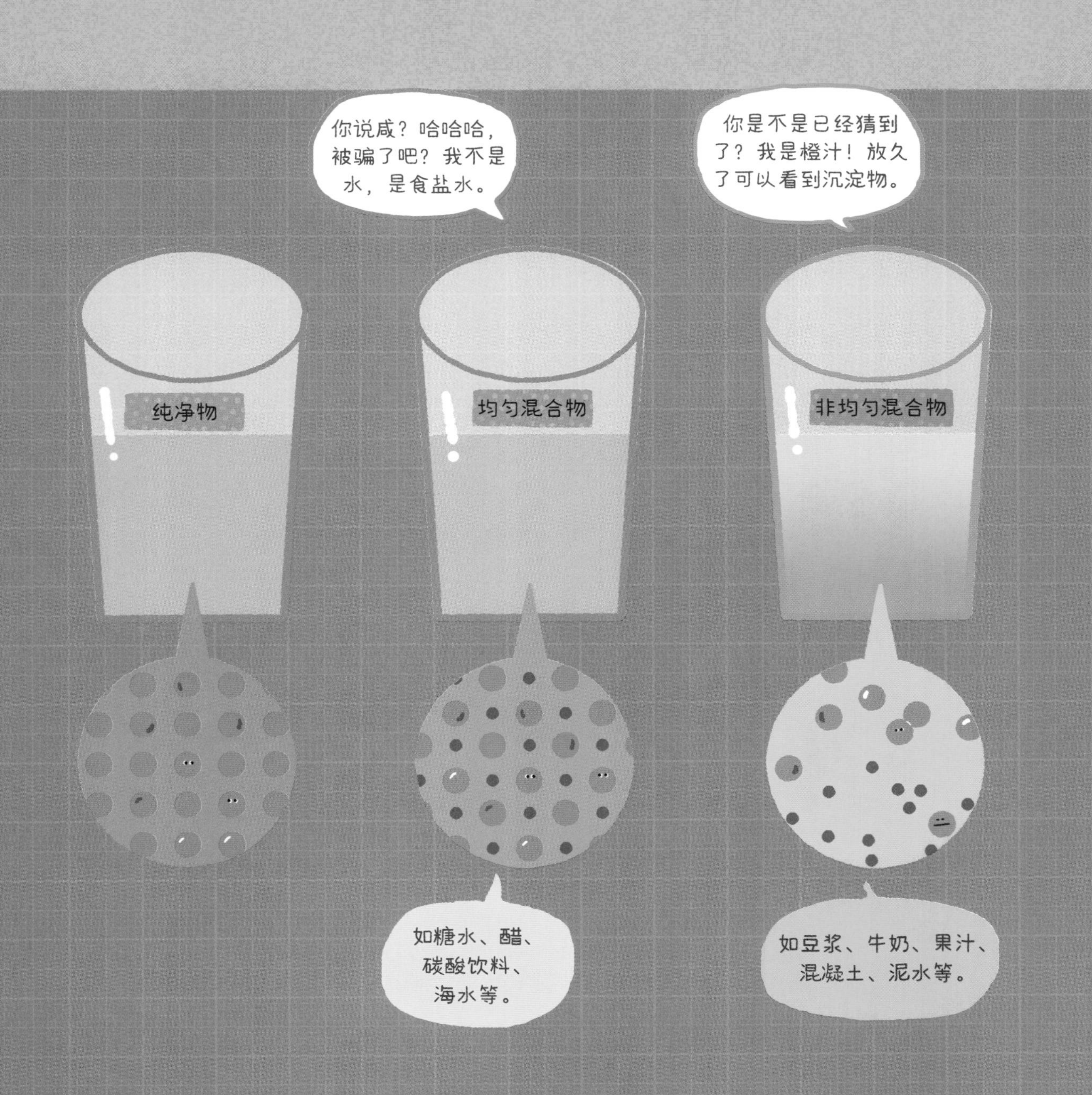

你说咸？哈哈哈，被骗了吧？我不是水，是食盐水。
你是不是已经猜到了？我是橙汁！放久了可以看到沉淀物。
纯净物
均匀混合物
非均匀混合物
如糖水、醋、碳酸饮料、海水等。
如豆浆、牛奶、果汁、混凝土、泥水等。

我们每天喝的水是由氧和氢结合而成的

氧和氢的性质完全不同，可以结合在一起吗？
两者结合后会变成水，这是事实吗？

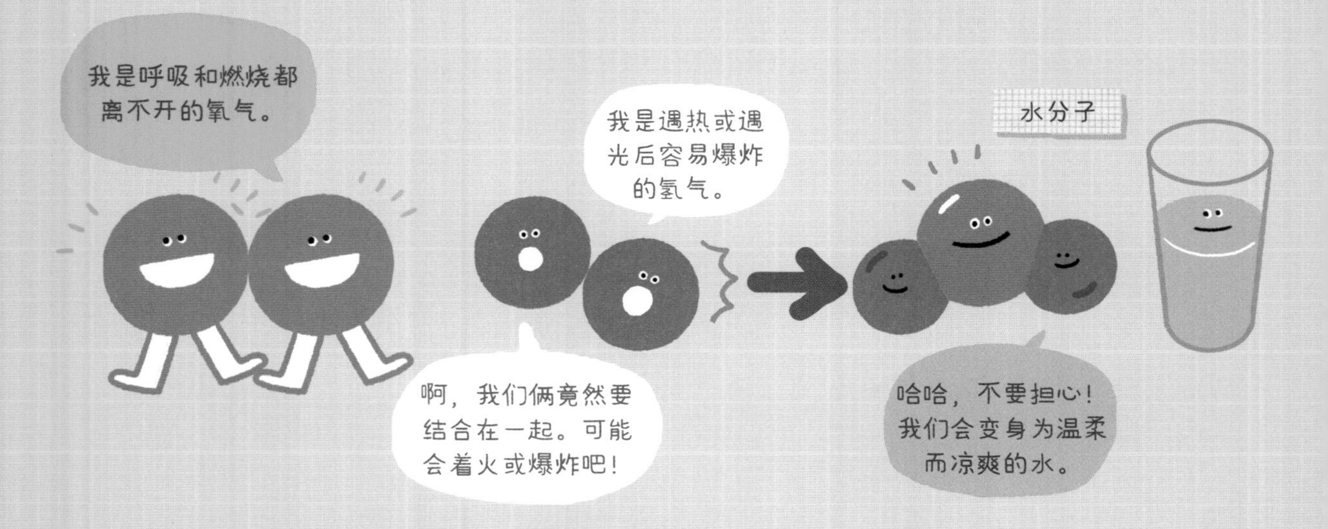

氧元素和氢元素发生反应，相互结合后会丢失各自原有的性质，变为具有完全不同性质的水。像这样，变化后的物质——水属于**化合物**。做菜时使用的食盐，也是钠原子和氯原子结合后形成的化合物。

由一种物质构成的物质叫作纯净物，由两种或两种以上的纯净物混合而成的物质叫作混合物。混合物中每种物质的性质与混合前相比一般不会发生变化。

· 惊奇问答 ·

有黄色血液吗?

医生说要给我输黄色血液，而不是红色血液。
我又不是外星人，怎么会是黄色血液?
我该怎么办呢?

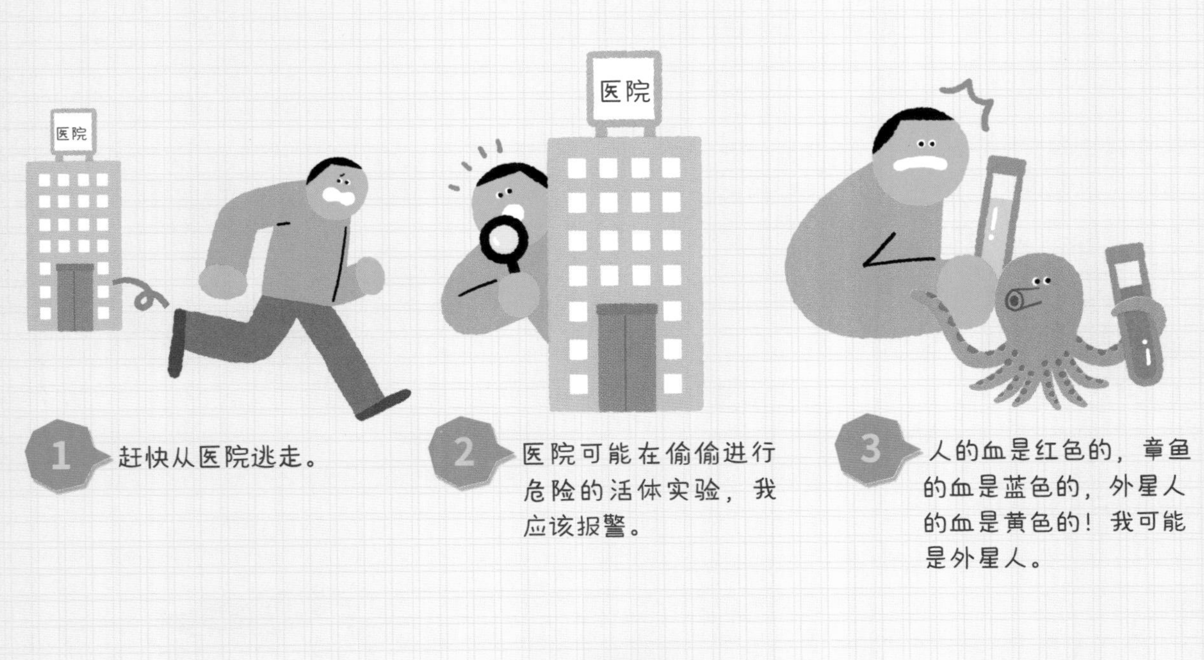

医院
医院
1 赶快从医院逃走。
2 医院可能在偷偷进行危险的活体实验，我应该报警。
3 人的血是红色的，章鱼的血是蓝色的，外星人的血是黄色的！我可能是外星人。

血液是混合物，其中作为液体成分的血浆占55%左右，作为固体成分的红细胞、白细胞、血小板等血细胞约占45%。
血液中因为有红细胞，所以看起来是红色的。但去除红细胞后，血液就会变成黄色。有时医生会根据患者情况，仅将黄色血浆作为血液使用，所以不要怀疑！
医院
医院

怎样才能去掉大米里的沙子？

利用大小和密度差异等方法分离混合物

义务教育科学课程标准
物质具有一定的特性与功能

义务教育化学课程标准
认识物质性质的思路和方法

暑假我和家人去了一个安静的小岛露营。
这是我们梦寐以求的露营！
每个人都很兴奋，
在海边搭帐篷、玩水，然后在海边野炊。
香喷喷的米饭做好了。
但因为淘米的时候刮风吹进了沙子，
吃饭时，沙子在嘴里咯吱咯吱响。
为什么用干净的水洗了好几次还是这样？
最后，我午饭都没吃多少。
用水洗不掉的沙子怎么才能除去？

试着利用颗粒的大小差异分离混合物

大米和沙子混合在一起，需要先去掉沙子。这时，如果用合适的筛子将小颗粒沙子筛掉，筛子上就会只剩下大颗粒的大米。这样就可以用留在筛子上的大米煮饭了。

沙子可以漏下去，米粒被卡住了，这种大小的孔刚刚好。

大米和沙子的混合物可以很容易地用筛子分出。捕鱼网、防霾口罩、空气净化器、小西红柿分类机等，运用的也是一样的原理，便于分离颗粒大小不同的固体混合物。像这样，分离颗粒大小不同的混合物的方法叫作**过滤**。我们常用筛子、布、过滤器和滤纸等作为过滤工具使用。

我不抓小鱼，会将它们放走。
灰尘被我过滤掉了。

我能阻挡含有灰尘和有害颗粒物的雾霾！

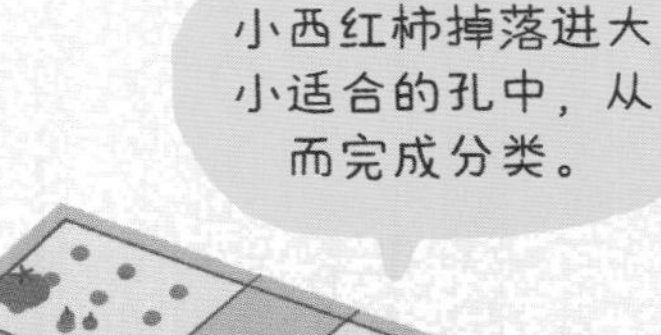

小西红柿掉落进大小适合的孔中，从而完成分类。

在孤岛中露营，经常会遇到水不够用的情况。如果在找水的过程中只发现了泥水，可以喝吗？这个时候可以利用过滤原理制作简易的净水器。

1 先剪掉塑料瓶的底部，在瓶盖上打孔。

2 把剪掉底部的塑料瓶倒过来，在瓶盖上方铺网。

3 在网上面一层层依次堆放小石子、沙子、木炭、树皮等。

4 在最上面放一些大的石子后倒入泥水，下面就会流出清澈的水。

泥水
过滤几次就会变成较干净的水！
将河水变成自来水也使用了同样的过滤原理。

利用密度差异也可以分离混合物

海面上漂浮着黑色的油！据说是一艘航行中的船发生了漏油事故。水和油相遇为什么不会混合在一起，而是油漂浮在水面上呢？这是因为油的密度比水的密度小。

在互不相溶的液体混合物中，**密度大的液体会沉下去，密度小的液体会浮在上面，形成分层。**如果油继续在水面扩散，鱼类和藻类可能会大量死亡。为了防止其进一步扩散，我们应及时将油清除。

向海面上的油放吸油布，油就会被布吸走。

在锅里煮鸡汤时，如果汤上面漂浮着油，就用汤勺舀出来。

水杯里洒入了食用油时，可以用滴管或注射器吸出。

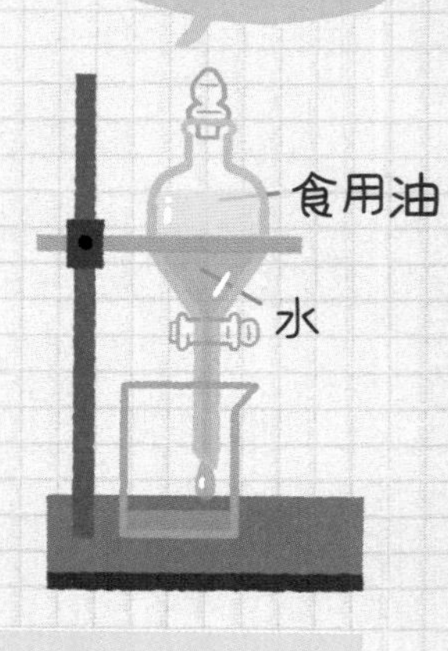

打开活塞后，先流出的是下层的水。
食用油
水

利用分液漏斗可以分离食用油和水。

还有一种方法是将密度不同的固体混合物放入液体中进行分离。固体放入液体后，**密度大的固体会下沉，密度小的固体会漂浮**，从而可以轻松地实现分离。

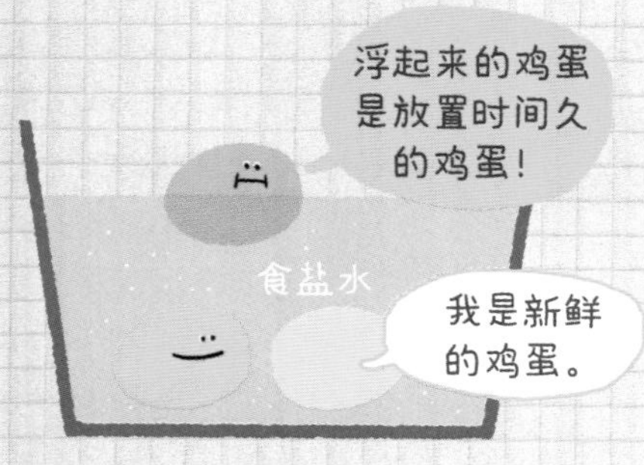

浮起来的鸡蛋是放置时间久的鸡蛋！
食盐水
我是新鲜的鸡蛋。

用食盐水分辨新鲜鸡蛋

糖会浮在水面上。
我是饱满的大米。

从大米中去掉糠

在水中摇晃，沙金会沉入容器中，而沙子会随着水流走。

从沙子中淘出沙金

利用磁性分离混合物

露营结束后，我们认真清理了垃圾。哎呀呀，分类的时候把罐头盒和易拉罐放在一起了，如何分离呢？虽然铁罐和铝罐不太好区分，但只要有自动分拣机就不用担心了。经过自动分拣机时，铁罐会被磁铁吸附，不被吸附的铝罐单独收集。这就是一个利用磁铁的磁性进行物体分离的例子。

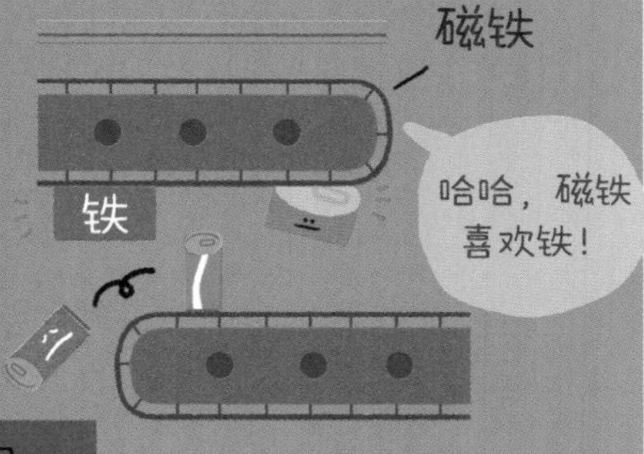

磁铁
哈哈，磁铁喜欢铁！
铁
铝

我要在沙滩上寻找铁制品！

利用磁铁的磁性分离混合物的例子还有哪些呢？

在废弃车场，你可以用巨大的磁铁从一堆破旧的汽车零件中把铁零件挑出来。另外，将使用完的干电池粉碎后，可以利用磁铁分离出铁来。这些被分离出的废铁可以重复使用，既经济又节约资源。

重点笔记

颗粒大小不同的混合物可利用过滤工具分离。有密度差异且不溶于水的混合物可放入液体中进行分离，密度大的物体会沉下去，密度小的物体会浮在液体上。铁制品可利用磁铁进行分离。

· 惊奇问答 ·

只吃花生的方法是什么？

妈妈给我做了银鱼和花生混在一起的零食，但我只想吃花生，不想吃银鱼。我该如何挑出银鱼呢？

1 银鱼中不是含有很多铁成分吗？那就利用磁铁分离银鱼！

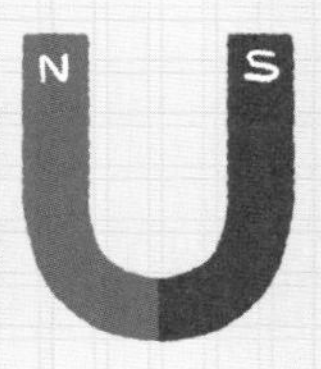

2 用可以使小银鱼漏下来的小筛子进行过滤。

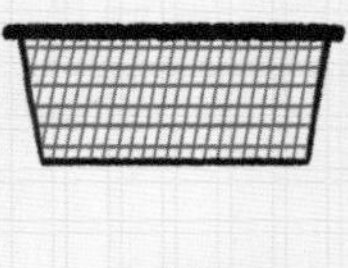

3 爸爸喜欢吃银鱼，留着和爸爸一起吃。

银鱼中含有的铁是容易被身体吸收的离子状态的铁，这与金属铁不同，所以不会被磁铁吸附。可以用筛子过滤银鱼，如果觉得麻烦，一个个地挑花生吃都可以。

可以找回消失的食盐吗？

利用溶解度不同分离混合物

义务教育科学课程标准
物质具有一定的特性与功能

义务教育化学课程标准
物质的变化与转化

哎哟，一不小心把芝麻和食盐混在一起了。
要在妈妈知道前恢复原样才行。
把芝麻和食盐一粒粒挑出来太困难了，
因为它们大小差不多，
用筛子也分不出来。
一着急我就直接倒了水，食盐溶化掉了，
这样可以先挑出芝麻来。
但是消失的食盐要怎么找回来呢？

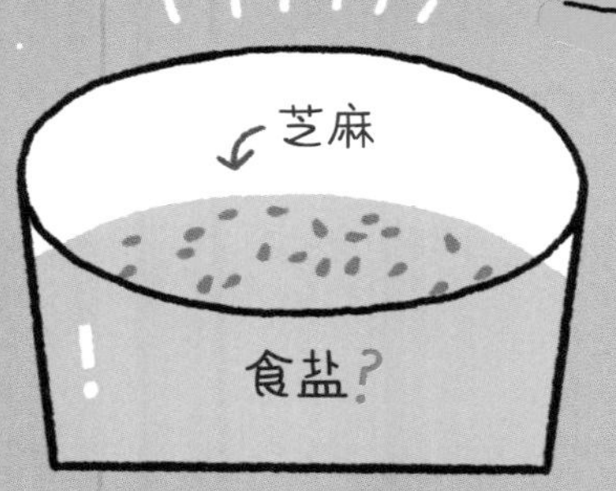

分离混合物之前，先要思考物质的性质

我们知道在芝麻和食盐的混合物中，食盐易溶于水，芝麻不溶于水，把芝麻和食盐的混合物放入水中，食盐就溶解在水里了，但芝麻不会溶解，下一步就可以用滤纸过滤了。食盐和水会一起流到滤纸下面，滤纸上只剩下芝麻了。

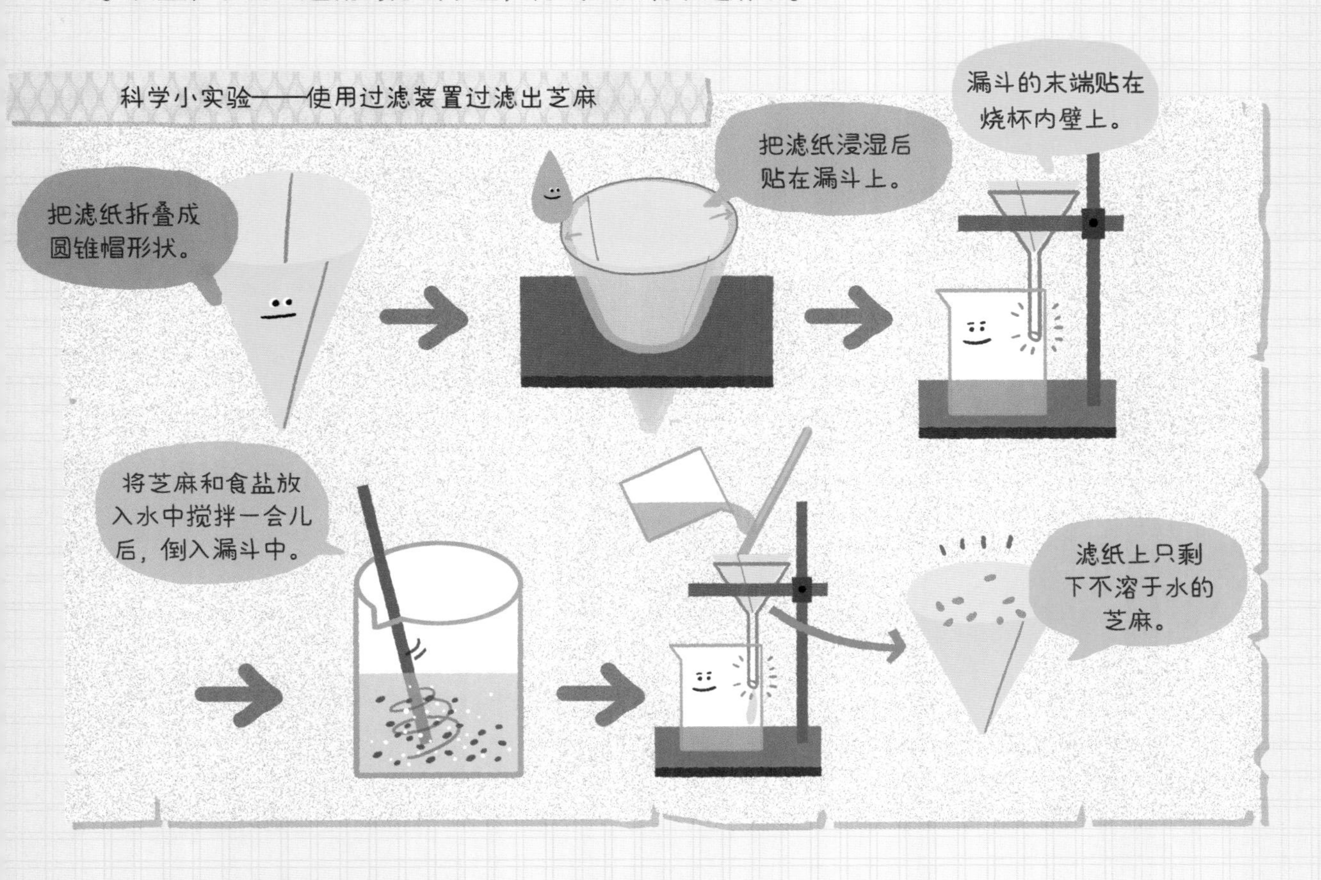

科学小实验——使用过滤装置过滤出芝麻
把滤纸折叠成圆锥帽形状。
把滤纸浸湿后贴在漏斗上。
漏斗的末端贴在烧杯内壁上。
将芝麻和食盐放入水中搅拌一会儿后，倒入漏斗中。
滤纸上只剩下不溶于水的芝麻。

我把芝麻收好以后，装有食盐水的碗就放在那里，没有管它。过了几天水没了，只剩下白色的食盐粒密密麻麻地附着在碗壁上！这是怎么回事？水似乎都以水蒸气的形式蒸发掉了。

像这样，如果混合物中包含了一种易溶于水的物质和一种不易溶于水的物质，那就可以先用水溶化后过滤分离出一种物质，然后蒸发掉水，分离出另一种物质。

糖水蒸发后也会析出白糖吗？

据说煮沸食盐水可以更快获得食盐。

从海水中提取食盐也是相同的原理

海水是含有盐的液体混合物。把海水引入盐田，经过风吹日晒慢慢蒸发掉水后，就只剩下盐了。像这样，在盐田通过蒸发取得的盐就是粗盐。另外，将海水蒸发到一定程度后，会通过煮沸的方法获取精盐，这叫作煮盐，因为盐中含有的杂质被去掉了，所以口感更好。

将粗盐溶于水中后煮沸，就会变成没有苦味的精盐。
粗盐

就像将食盐溶于水分离芝麻和食盐的混合物一样，我们生活中也会经常用到**将混合物溶于水**来分离特定物质的方法。

到了秋天，柿子树上结满柿子。我摘下一个，咬了一口，呸呸，是涩柿子！没有熟透的柿子含有单宁成分，所以会有涩味。但单宁是易溶于水的成分，因此，将涩柿子浸泡在水中，去掉单宁成分，就可以吃到美味的柿子了。

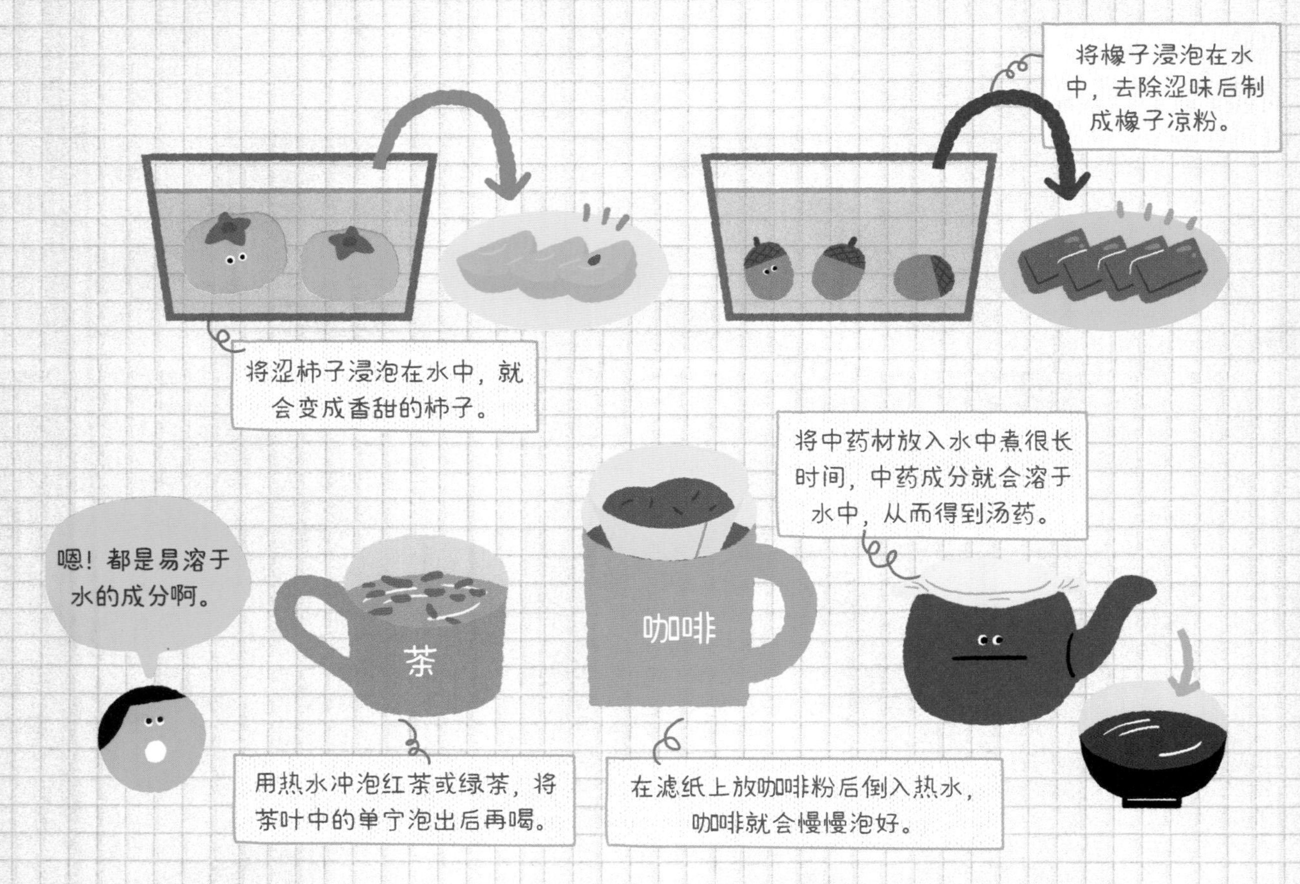

将橡子浸泡在水中，去除涩味后制成橡子凉粉。
将涩柿子浸泡在水中，就会变成香甜的柿子。
将中药材放入水中煮很长时间，中药成分就会溶于水中，从而得到汤药。
嗯！都是易溶于水的成分啊。
茶
咖啡
用热水冲泡红茶或绿茶，将茶叶中的单宁泡出后再喝。
在滤纸上放咖啡粉后倒入热水，咖啡就会慢慢泡好。

像水一样，可以溶解某些特定物质的液体叫作**溶剂**。使用溶剂分离混合物中某种物质的方法叫作**萃取**。不过，用于萃取的溶剂并非只有水。

如果将大豆浸泡在水中会提取出豆油吗？根本不可能。要想从大豆中提取油，需要一种能很容易溶解油成分的溶剂。乙醇、乙醚、丙酮、苯等溶剂都可以很好地提取油、色素和橡胶等。这些溶剂在提取后会被分离，只留下想要提取的物质。像这样，**要提取的物质不同，从混合物中提取该物质使用的溶剂也会不同。**

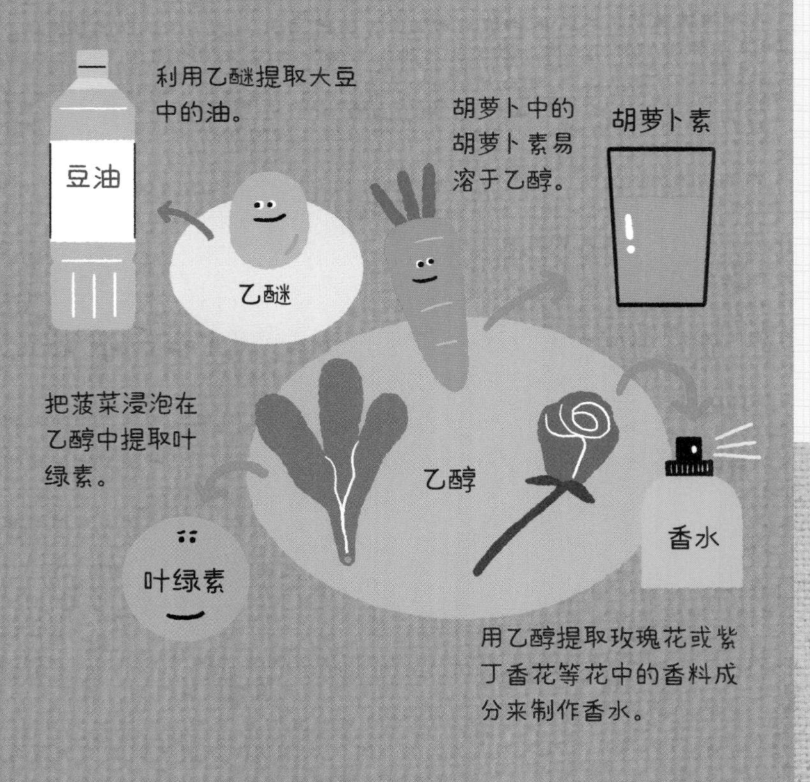
利用乙醚提取大豆中的油。
豆油
乙醚
胡萝卜中的胡萝卜素易溶于乙醇。
胡萝卜素
把菠菜浸泡在乙醇中提取叶绿素。
乙醇
叶绿素
香水
用乙醇提取玫瑰花或紫丁香花等花中的香料成分来制作香水。

惊奇问答

用什么方法可以去掉衣服上五花八门的污渍呢？

我的衣服粘上了口香糖，还有食物污渍，好脏呀！用洗衣机洗衣服，只能去掉溶于水的污渍。污渍的种类不同，清除污渍的方法也不同。快来和我一起了解一下可以溶解污渍的物质吧！

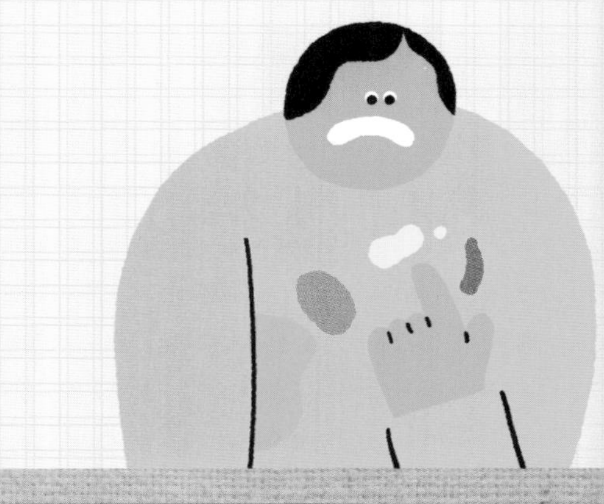

污渍的成分不同，使用的溶剂也不同。蜡笔痕迹用苯之类的有机溶剂洗，口香糖用食用油洗，番茄酱用食醋洗，红茶用温水洗……这样就可以清除所有污渍了。

重点笔记

使用溶剂分离混合物中特定物质的方法叫作萃取。水、乙醇、乙醚、丙酮、苯等液体常被作为萃取物质的溶剂使用。

石油竟然可以用来制成衣服？

利用沸点差异分离混合物

义务教育科学课程标准
物质具有一定的特性与功能

义务教育化学课程标准
物质的变化与转化

"你知道吗？石油可以用来制成衣服、帽子、鞋！"

我被姐姐的话吓了一跳。

现在我戴的帽子，穿的衬衫、裤子、鞋……

都是用石油做的吗？

简直不敢相信！

这些都是固体，但石油是液体啊！

而且哪里都闻不到石油的气味啊！

包和铅笔盒好像有一点儿石油的气味。

那么，我们是被石油制品包围了吗？

快给我讲讲石油是怎么变身的吧！

事实上，石油藏在我们生活的各个角落

石油不仅可用作汽车燃料，也可用于制作衣服或者学生用品。地底下黑乎乎的、散发着难闻气味的石油，竟然可以成为燃料和生活用品，是不是让你很震惊？如果你也好奇石油的变身过程，不妨先来了解一下如何从海水中提取出纯净水吧！

先把海水放入锅里煮沸，水会变成水蒸气。之后用冰凉的盖子盖上，水蒸气就会凝结成水珠。将这些水珠收集起来，可以饮用的纯净水就提取出来了！

但是把海水煮沸后，水为什么会变成水蒸气先出来呢？海水中含有多种物质，但因为水的沸点最低，所以水会先变成气体出来。沸点是指液体沸腾后开始变为气体时的温度。像这样，利用沸点差异将液体混合物中的组分蒸发后冷凝，从而进行分离的方法叫作**蒸馏**。

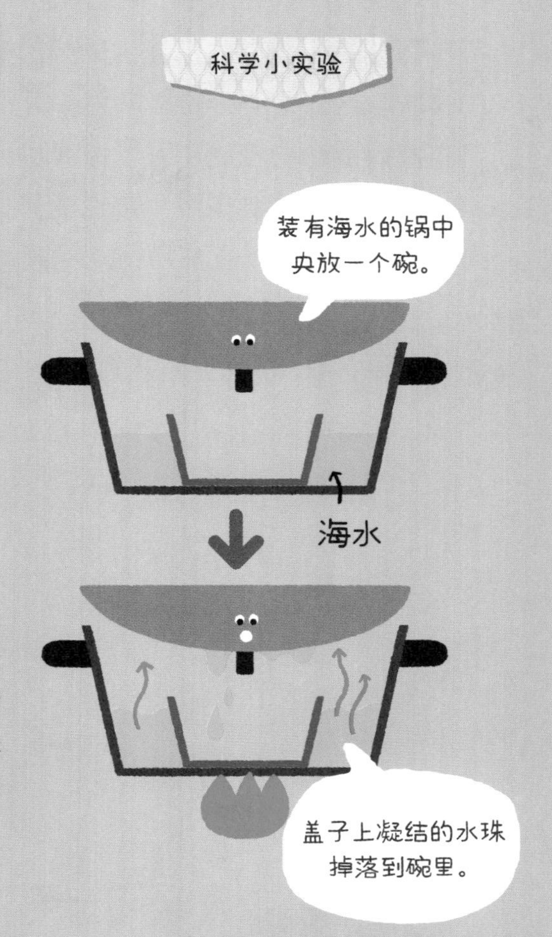

装有海水的锅中央放一个碗。

盖子上凝结的水珠掉落到碗里。

知道了什么是蒸馏，现在来看一下石油的真面目吧！

从地底下开采出来的黑色石油是浑浊的液体混合物，它可用作汽车燃料或者取暖燃料。石油是怎么产生的呢？

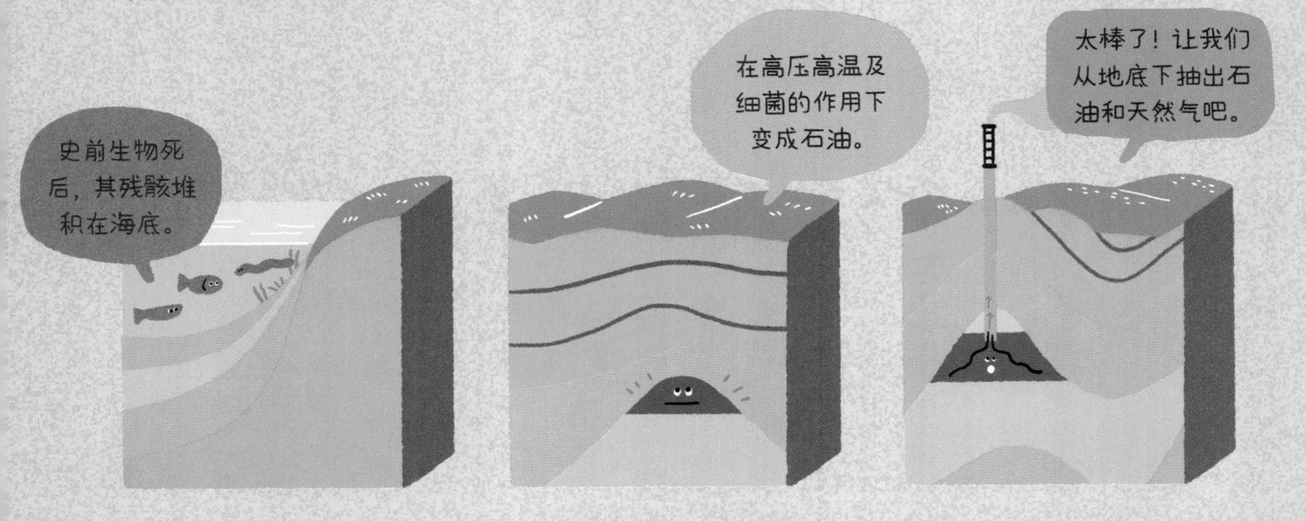

史前生物死后，其残骸堆积在海底。
在高压高温及细菌的作用下变成石油。
太棒了！让我们从地底下抽出石油和天然气吧。

石油是由史前的海洋生物经过一系列变化后形成的物质。石油中含有许多种不同的物质。这些物质分离出来后，可用于很多地方。

液体混合物石油也可以像海水一样通过蒸馏分离组分吗?

是的。石油也是利用沸点差异进行蒸馏来分离组分的，但是石油中各种物质的沸点相差不大，所以要使用特殊的蒸馏方法。

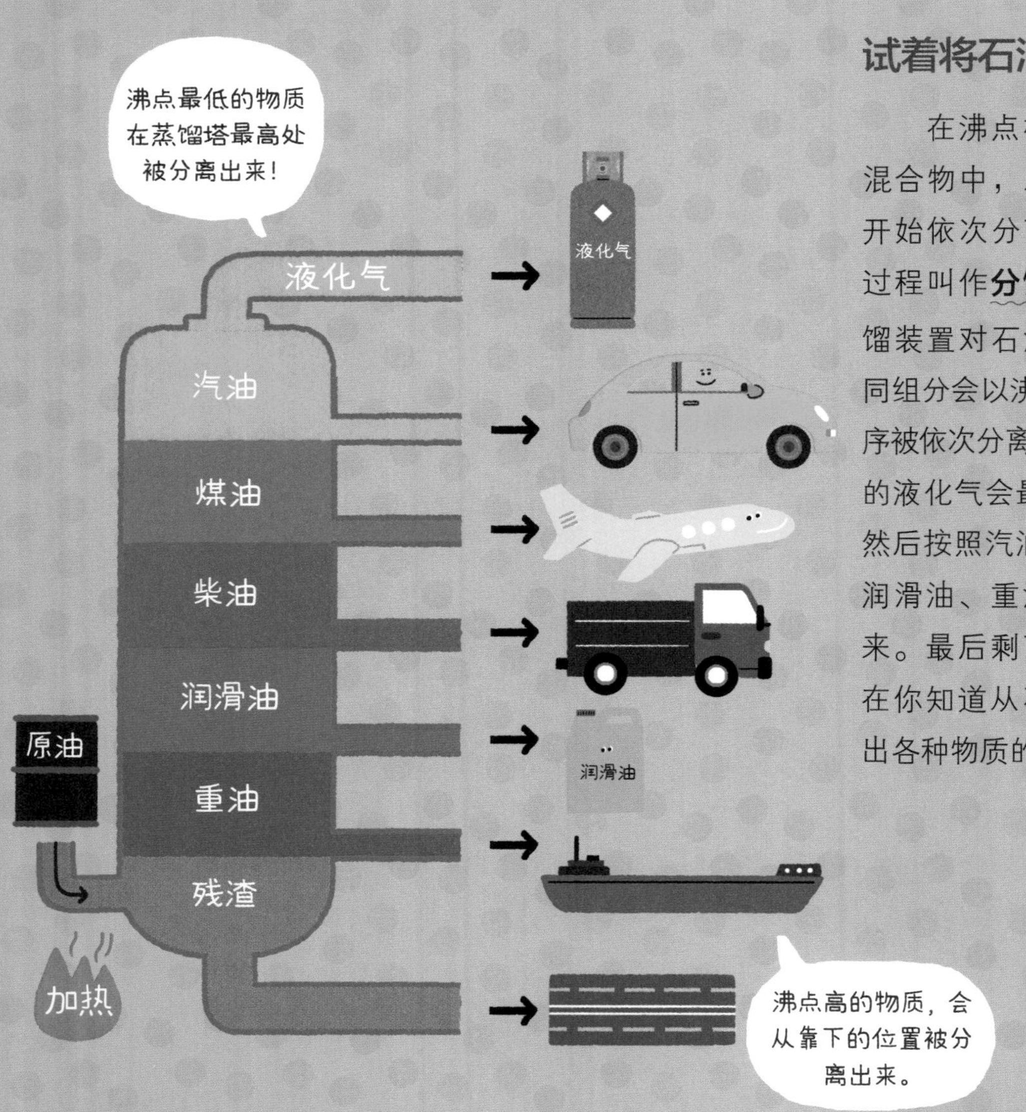

试着将石油进行分馏吧

在沸点相差不大的液体混合物中，从沸点低的物质开始依次分离出不同组分的过程叫作**分馏**。如果利用分馏装置对石油进行蒸馏，不同组分会以沸点从低到高的顺序被依次分离出来。沸点最低的液化气会最先被分离出来，然后按照汽油、煤油、柴油、润滑油、重油的顺序分离出来。最后剩下的是残渣。现在你知道从石油中依次分离出各种物质的方法了吧?

用石油制成的东西都有哪些？

从石油中分离出的汽油会成为各种动力装置的燃料。在石油中混合不同物质后，可以制成我们生活中使用的五花八门的物品。黑乎乎的并且散发着难闻气味的物质，变成了干净、带着香气的物质。来看看用石油制成的东西都有哪些吧！

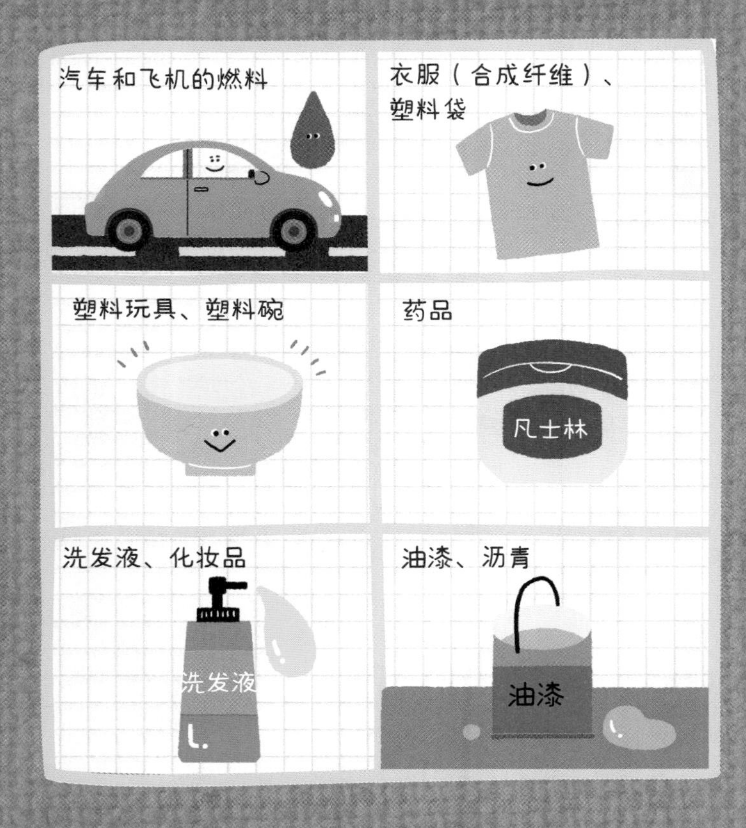

重点笔记

蒸馏是利用沸点差异，将液体混合物中的组分蒸发后冷凝，从而实现分离的方法。将沸点相差不大的液体混合物，从沸点低的物质开始依次分离出不同组分的方法叫作分馏。

· 惊奇问答 ·

找一找利用石油制作的东西吧！

1. 生活中我们在使用着很多石油化工产品。下列哪一个不是用石油制作的产品？

① 肥皂
② 阿司匹林
③ 糖精（人工甜味剂）
④ 蜡烛

2. 用10桶1.5升装的石油，可以制作几双连裤袜呢？（制作一双连裤袜大约需要75毫升石油。）

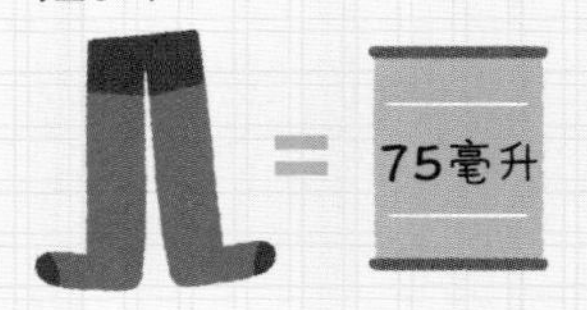

① 约10双
② 约50双
③ 约100双
④ 约200双

答案

1. 没有。
这些物品都是用石油加工而成的石油制品。

2. ④，可以制作约200双。当然，如果尺码较大，数量会减少。

违禁药物是怎样被发现的？

色谱法

义务教育科学课程标准
物质具有一定的特性与功能

义务教育化学课程标准
认识物质性质的思路和方法

奥运会马拉松比赛上，运动员刷新了世界纪录。狂热的观众热烈地欢呼着。金牌挂在了冠军的脖子上。
令人遗憾的是，荣耀只是暂时的，冠军因服用违禁药物，金牌被取消，新纪录也被取消了。
他为了取得好成绩，没有抵挡住违禁药物的诱惑。
但是主办方是怎么知道运动员比赛前服用了违禁药物的呢？
如果他自己不说，是不是谁都不会知道呢？

用色谱法分离混合物

针对比赛选手是否服用了违禁药物进行的检查称为兴奋剂检查。兴奋剂检查是利用尿液或血液进行检查的。尿液和血液都是液体混合物。这种混合物量少，且由相似物质构成，所以需要专门用一种叫**色谱法**的方法进行分离。

嗯！如果只是一滴混合物，分馏肯定不行！得用色谱法查明。

好奇怪。确实和平时不一样!!
呀，竟然能看出来，在科学面前谎言禁不住考验啊。

用色谱法将人的尿液或血液进行分离，图表中会出现几乎相似的形状。但如果服用了违禁药物，因为药物的移动速度不同，图表形状也会不同。据此可以判断是否服用了药物。

用黑色签字笔在纸上写的字被水浸湿后，会如何变化呢？

居然发生了黑色字蔓延成彩色图案的魔术般的事情！这与色谱法分离混合物的原理是相同的。签字笔的黑色墨水是各种色素混在一起的混合物。黑色墨水溶于水后，会分离出红、橙、黄、绿等色素，和水一起扩散至不同位置。也就是说，构成黑色墨水的色素成分被分离了。

哦！这件伟大的艺术作品是睡觉的时候完成的！

123
4

呼——果然无法赶上速度快的家伙。我累了，到此为止吧。

分离出的色素为什么会扩散至不同位置呢？

这是因为每种色素移动的速度是不一样的。用不同颜色的签字笔在滤纸起点线的不同位置画点，然后将滤纸末端稍微浸湿，这时一定要小心不能让签字笔画的点碰到水。通过实验可以看到色素或快速或缓慢地移动。根据实验结果可以获得多种颜色分布的签字笔墨水色谱图，即成分带。像这样使用纸张进行混合物分离的色谱法叫作**纸色谱法**。

还有一种方法，就是将液体混合物中混合的物质变为气体分子后，让其通过分离管进行分离。我们称之为**气相色谱法**，用于测定极少量的物质。

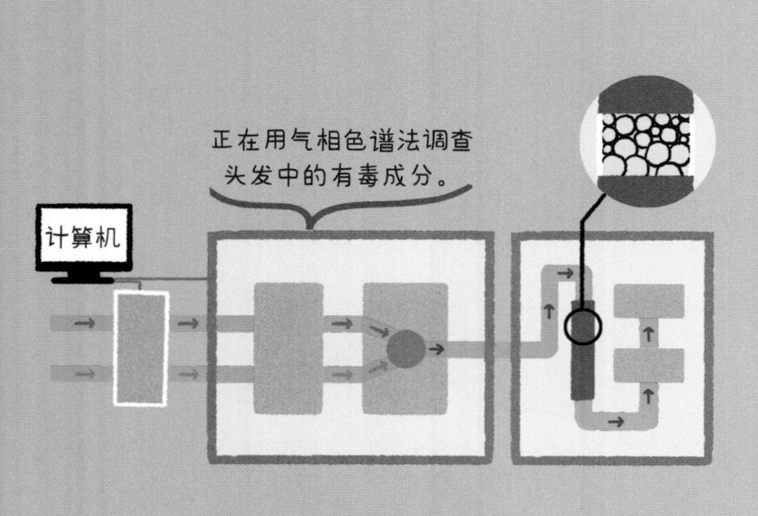

正在用气相色谱法调查头发中的有毒成分。
计算机

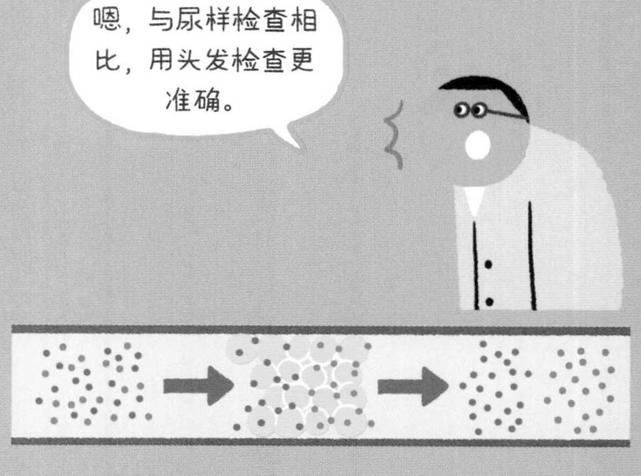

嗯，与尿样检查相比，用头发检查更准确。

生活中的色谱法

任何人都可以简单地进行这种实验操作，分离混合物的时间很短，非常方便。而且对于量少或者性质相似的混合物也可以轻松分离。

那么让我们了解一下生活中哪些事情使用了色谱法吧。

1. 收集犯罪现场留下的血迹，可以知道犯罪嫌疑人的血型。

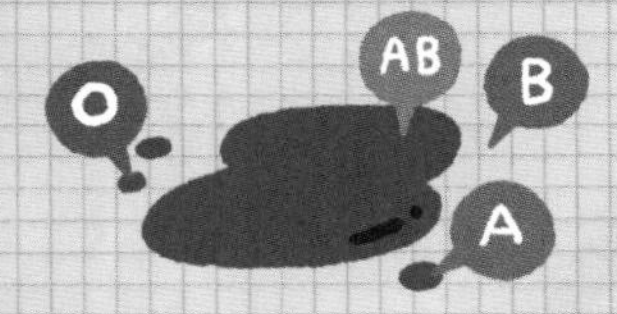

2. 可以发现爆炸物。

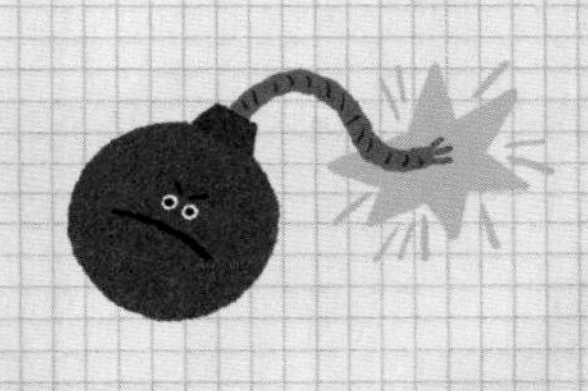

3. 可以知道是否含有农药、剧毒物、毒气。

4. 可以测定防腐剂剂量。

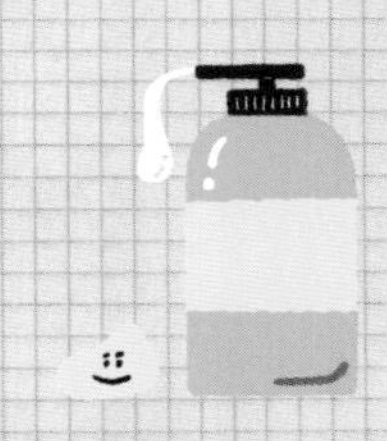

5. 可以测量大气中的二氧化碳或者二噁（è）英的浓度等。

6. 可以分离出食物中的有害物质。

重点笔记

色谱法是一种利用物质成分移动速度的差异来分离混合物的方法。

· 惊奇问答 ·

下面无法用色谱法进行检查的是哪一个呢？

1. 通过分析已经去世100多年的拿破仑的头发，发现其含有有毒成分。

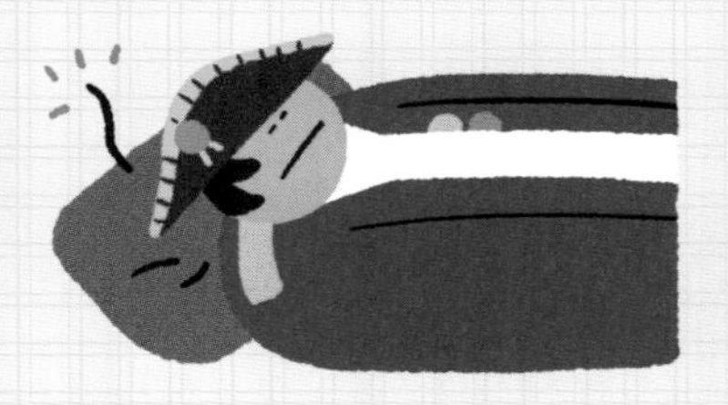

2. 1975年人们制作了一个很小的色谱仪贴在探测火星的宇宙飞船上，用于分析行星的大气。

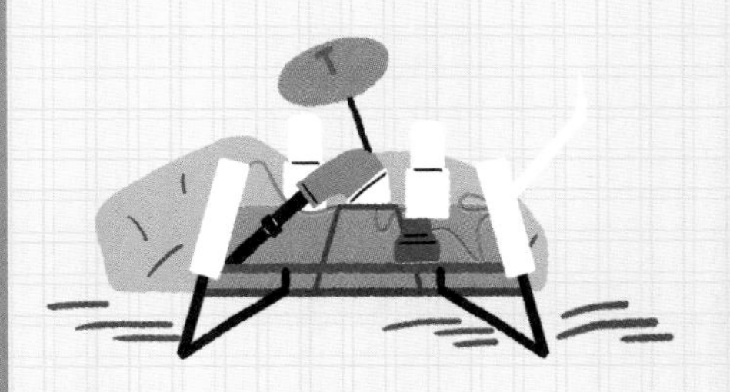

3. 用于分析公元前1985年至公元395年之间制造的十三具木乃伊含有的元素以及元素的量。

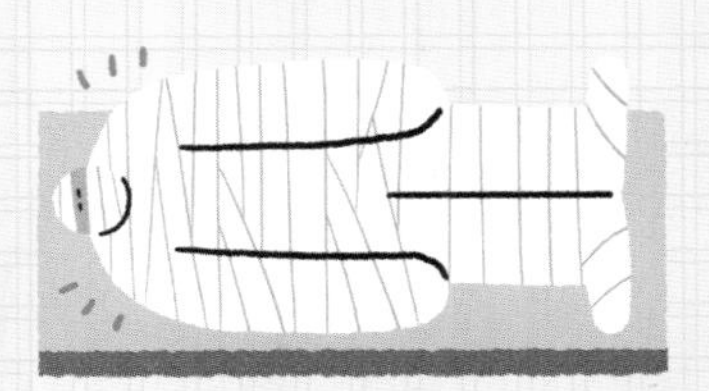

竟然都用到了色谱法，太令人震惊了吧！

巧克力熔化了，怎么恢复？

物态变化

义务教育科学课程标准
物质的三态变化

义务教育化学课程标准
物质的多样性

“糟糕！”

我把一盒漂亮巧克力放进包里忘记拿出来了。

赶紧拿出来一看，

发现它们已经变软了，形状也毁了。

怎么办呢？

“不要担心！”

哥哥把巧克力放进碗里，

再把碗放入热水中加热。

巧克力开始熔化了。

哥哥把熔化后的巧克力倒入三角形、

四边形、心形的模具里，再小心地放入冰箱。

呀！巧克力会变成什么样子呢？

巧克力的完美变身!

将熔化后变得软软的巧克力放进冰箱会如何变化呢?

哇，凝固后变成了三角形、四边形、心形的漂亮巧克力。

随着巧克力中类似黄油的成分熔化和凝固，固体巧克力变为液体，液体巧克力又变为固体。像这样，物质从固体、液体、气体中的一种状态变为另一种状态，称为**物态变化**。

热是引起物态变化的原因之一。把巧克力放在火上加热，固体巧克力变成液体；放入冰箱降温，液体巧克力变成固体。也就是说，随着吸热或放热，物态发生了变化。其他固体也可以像巧克力一样熔化吗?

只要加热，就完全可以。去钢铁厂可以看到坚固的钢铁在熔炉里熔化，变为液体的钢铁凝固后会重新变为固体。

全部都熔化掉!

固体、液体、气体的分子排列不同

固体的分子紧紧地挤在一起。液体的分子比固体的分子更活跃，分子间距离更远一点儿。气体的分子是最活跃的。温度越高，分子运动得越活跃。

加热固体时，分子运动加快，相互结合的力量变弱，分子间的距离越来越远，从而会变成液体。同样，如果加热液体，分子的运动变得更活跃，分子间的距离变得更远，从而会变为气体。温度越高，分子运动越快，固体会变为液体，液体会变为气体。相反，降温时分子运动会变得迟缓，会发生气体变为液体、液体变为固体的物态变化。

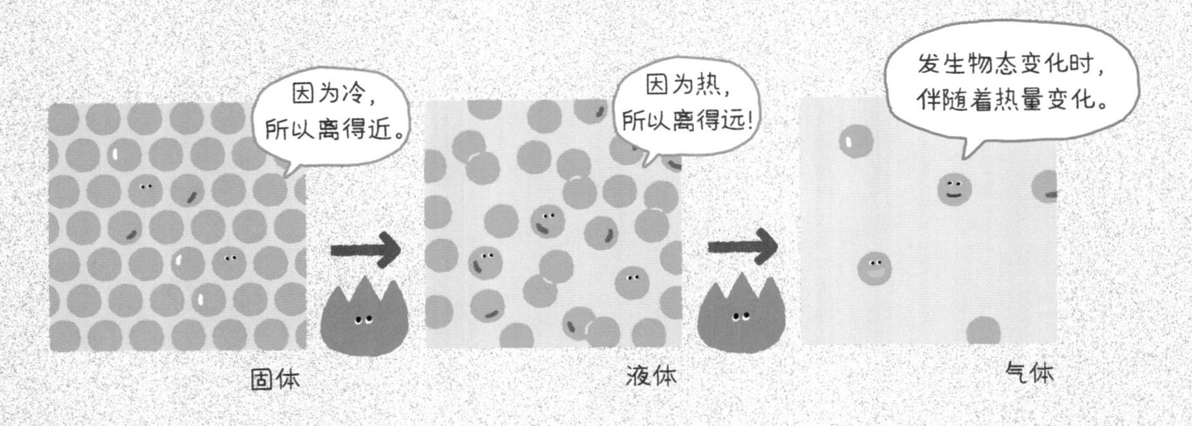

因为冷，所以离得近。
因为热，所以离得远!
发生物态变化时，伴随着热量变化。
固体
液体
气体

多种多样的物态变化

固体变为液体称为**熔化**，液体变为固体称为**凝固**。液体变为气体称为**汽化**，气体变为液体称为**液化**。

物质的变身并不是仅有这些。有时固体不是先变成液体，而是直接变成气体，或者气体不是先变成液体，而是直接变成固体，这称为**升华**和**凝华**。因为是不经常使用的语言，所以会觉得难懂。但只要理解汉字的意思，就很容易理解了。

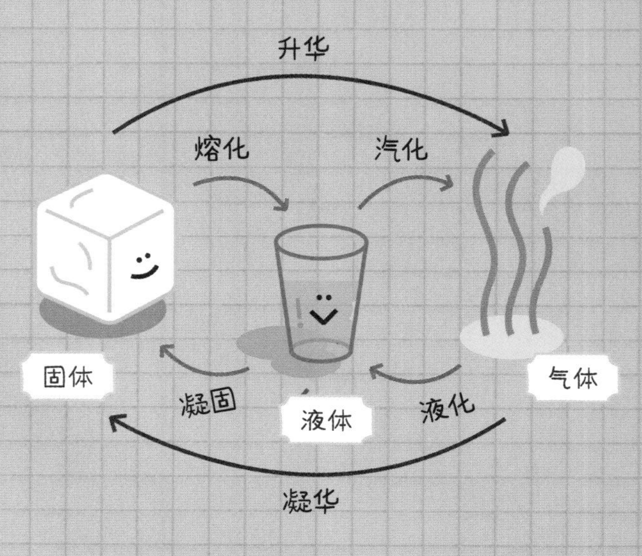

1
熔化
冰融化，抹在热乎乎面包上的黄油熔化，蜡烛熔化后滴下烛泪，铁熔化等。
黄油
2
凝固
肉汤冷却后，油会凝固成白色的东西；岩浆冷却后变为岩石等。
3
液化
空气中的水蒸气凝结在草上形成露珠；镜片变模糊；空气中的水蒸气变成白云，再变成雨降落的现象等。
4
汽化
湿衣服变干，杯中的水减少。
5
升华 / 凝华
冬日冰冻的衣服变干；樟脑球变小。这些是固体变为气体的升华现象。
寒冷的冬天，玻璃窗上形成的冰花和晚秋的霜，这些是气体变为固体的凝华现象。

物态变化时，温度也会发生变化吗？

给冰块加热后，冰会慢慢融化。这时用温度计测量一下温度就会发现，即使继续加热，温度短时间内也不会上升，而是维持在0℃。为什么加热了，温度却不会升高呢？

这是因为物质熔化需要吸收热量。热量用于将冰块变为水的物态变化上了，因此温度短时间内不会升高。

我们将冰开始融化的温度叫作**熔点**。冰块全部融化为水后我们继续给冰块加热，水温会由0℃上升到10℃、20℃……如果温度达到100℃，短时间内就不会再升高了。100℃是水开始沸腾变为水蒸气的温度。这时，热量用于将水变为水蒸气，因此，短时间内温度不会变化。液体沸腾变为气体的温度叫作**沸点**。

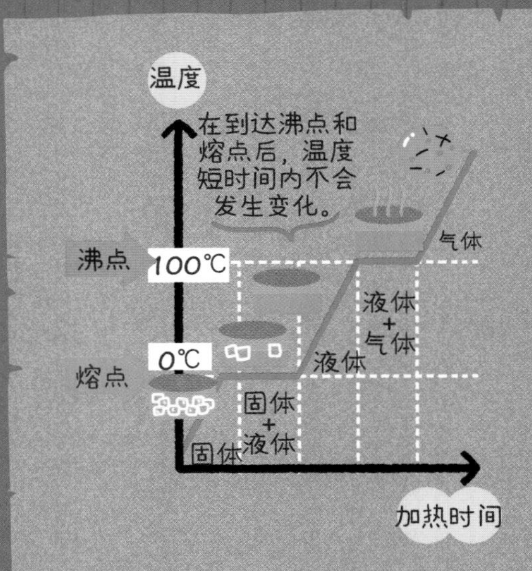

重点笔记

当物质吸收或释放热量时，物质本身不会发生变化，但其固体、液体、气体的物质状态可能会变为其他状态。

· 惊奇问答 ·

航天员们在太空吃什么呢？

3，2，1，发射！帅气的宇宙飞船正向宇宙飞去。如果没有升华现象，航天员会不会饿肚子？

你知道航天员的食物是利用升华作用制造的吗？航天食品大多采用冷冻干燥的方式制造：先将食物冷冻，使食物中的水分变为冰，然后在真空的环境中使冰升华为水蒸气，从而去掉水分。

水果、蔬菜脆片就是通过冷冻干燥的方式制成的。像这样，升华作用发生在我们生活的各个角落。

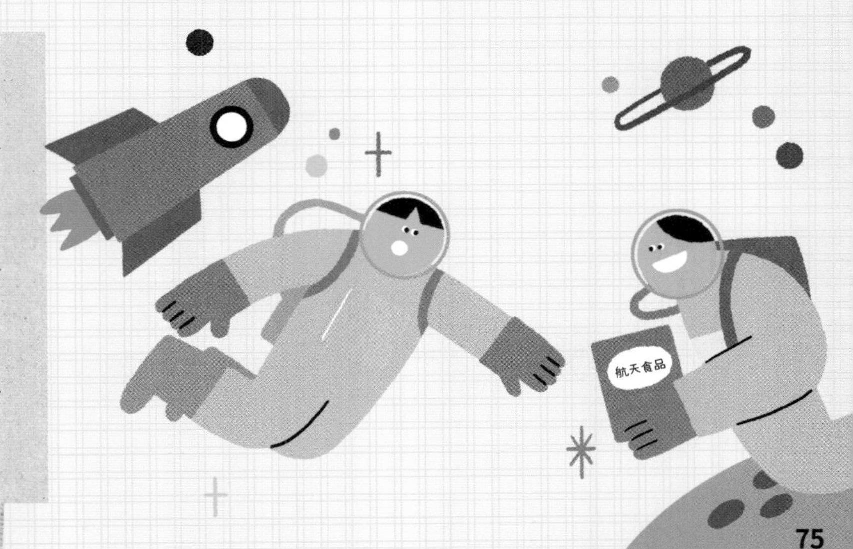

为什么水坑里的水不见了？

蒸发和沸腾

义务教育科学课程标准

空气和水是重要的物质

义务教育化学课程标准

物质的变化与转化

“啊，好凉！”我在匆忙跑去教室的途中，
踩进了水坑里。
凌晨下了雨，操场上出现了不少水坑，
我没有看到就踩进去了。
我很生气，但因为怕迟到，
所以赶紧跑向教室。
中午我拿土来填坑，
却发现水坑里的雨水不见了！
雨水去哪里了？
是渗入地下了，还是跑到空气中了？

像水坑里的积水消失一样，我们每天都能看到水消失的现象

被雨淋湿的道路快速变干，装在杯子里的水一夜之间变少，湿淋淋的雨伞撑开后会很快变干。

虽然我们看不见，但水会从表面变为水蒸气，然后飞到空气中，这个过程称作**蒸发**。水坑里的积水、湿的道路、杯子里的水、雨伞表面的雨水，都是因为水蒸发而变干或变少的。

我知道了。它们变成了空气中的水蒸气，只是我们看不见而已，是吧？
水不会消失，只是状态变了而已！
再见！
原来水坑里的水是蒸发了！

我记得用锅煮水时见过水变成水蒸气的现象！

是的。水沸腾后会变为水蒸气。水变为水蒸气的方法有两种：蒸发和沸腾。**蒸发**是指水从表面慢慢地变为水蒸气。因为发生速度缓慢，所以不显眼。

相反，**沸腾**是指水不仅从水表面，还从水里迅速变为水蒸气，以气泡的形式冒出来。水加热后温度上升，水分子活跃地运动，所以会出现这种现象。

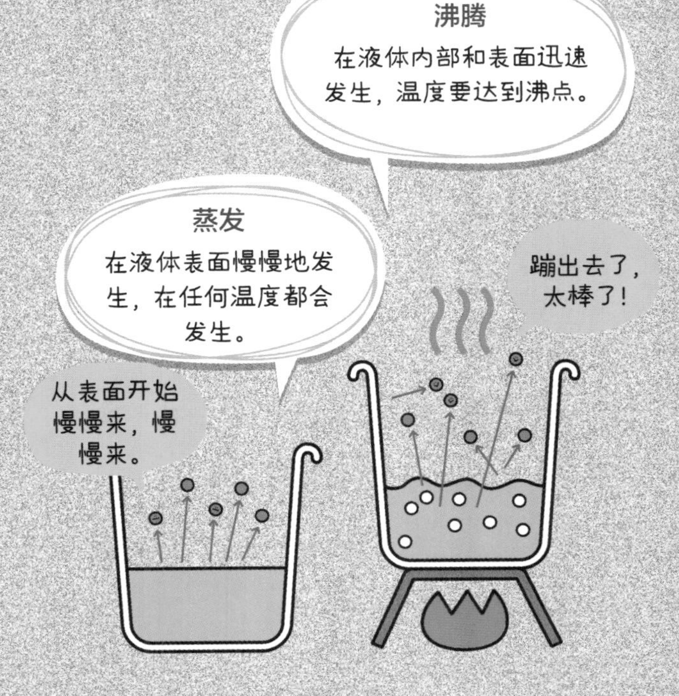

沸腾
在液体内部和表面迅速发生，温度要达到沸点。
蒸发
在液体表面慢慢地发生，在任何温度都会发生。
蹦出去了，太棒了！
从表面开始慢慢来，慢慢来。

蒸发既容易发生，也不容易发生，这取决于周围的环境。
什么时候蒸发更容易发生呢？
想一想什么时候湿的头发和衣服更容易干就会知道。

1
温度越高，越容易蒸发。

2
表面越大，越容易蒸发。

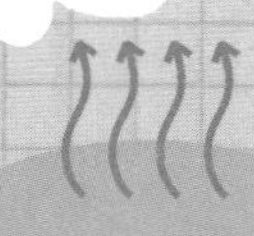

3
风越大，越容易蒸发。

4
空气越干燥，越容易蒸发。

水会变为水蒸气散发到空气中，那空气中的水蒸气也会变为水吗？

当然会。与蒸发相反，空气中的水蒸气遇到冰冷的东西后，温度会下降而且会放热，从而变为水，这叫**凝结**。

你见过装有冰水或冰的玻璃杯表面形成的水珠吧？这是空气中的水蒸气凝结形成的。你或许也有过这样的经历——将装有冰水的水瓶放进书包，因水瓶周围形成水珠，书本被打湿了，这也是凝结现象。

我以为是水渗出来了，原来是因为凝结。
不是杯中的水漏出来了吧？
空气中的水蒸气遇到冰凉的水杯后变成了水珠。

重点笔记

水变为水蒸气的方法有两种：蒸发和沸腾。蒸发是指水从表面慢慢变为水蒸气的现象，沸腾是指水加热时从水里和水表面变为水蒸气的现象。而水蒸气冷却后变为水珠的现象称为凝结。

· 惊奇问答 ·

你好，凝结！

凝结现象在我们生活中很多地方都会发生。我们一起找一找吧！

1. 草叶和蛛网上形成的露珠

空气中的水蒸气因清晨的时候温度较低，热被夺走变为了水，从而形成了露珠。露珠并不是植物的叶子吐出来的，也不是蜘蛛的排泄物，不要误会！露珠在晨光的照射下，得到热量后又会变为水蒸气，消失在空气中。

2. 眼镜起雾

戴眼镜的小朋友们从寒冷的地方进入暖和的房间时，常因眼镜起雾而看不清东西。这也是凝结现象。暖和的房间里空气中含有大量水蒸气，遇到冰凉的眼镜后变成了水珠附着在镜片上。

还有哪些呢？

提示：洗澡后在卫生间里找一找吧！

往冰屋里的墙上洒水会让屋子更暖和？

物态变化和能量

义务教育科学课程标准
物质的三态变化

义务教育化学课程标准
物质的变化与转化

我遇到一个在阿拉斯加生活过的因纽特人。
我想起来因纽特人是住冰屋的，
所以好奇地问了一下他们寒冷的时候
在冰屋里是如何取暖的。
因纽特人回答说：“往冰做的墙上洒水，
屋子会变得暖和。”
天哪，难以置信！
洒水不是会变凉快吗？

炎热的夏天，有没有感觉到路面热乎乎的？

因炽热的阳光照射，路面温度升高，热从路面散发出来。

尤其是水泥路，走在上面比走在土路上更热。

这个时候如果下一场阵雨，热乎乎的道路会立马变凉。

不下雨的时候，向路面洒水，水会很快变干，周围也会变得凉快。

为什么下雨或洒水可以使热乎乎的路面变凉呢？

液态水遇热后变为水蒸气散发到空气中。散发时会吸收周围的热，从而使周围变得凉快。

炎热的夏天，如果下雨或者在道路上洒水，水会吸收路面的热变为水蒸气蒸发到空气中，道路及周围就会变得凉快。

用棉花蘸酒精涂在手背上，是不是会觉得凉快？

这也是因为液体酒精变为气体时吸收了手背的热。所以，液体吸热变为气体时，就会使周围的温度降低。

为什么往冰屋墙上洒水会变暖和？

水遇到冰块以后会变成什么呢？水会变成冰。随着温度变低，水会变为固态，也就是冰。这时，水会将自身含有的热量释放出去，从而使冰屋变暖。液体放热变为固体时，放出的热使周围变暖，往冰屋墙上洒水取暖就是利用了这个性质。

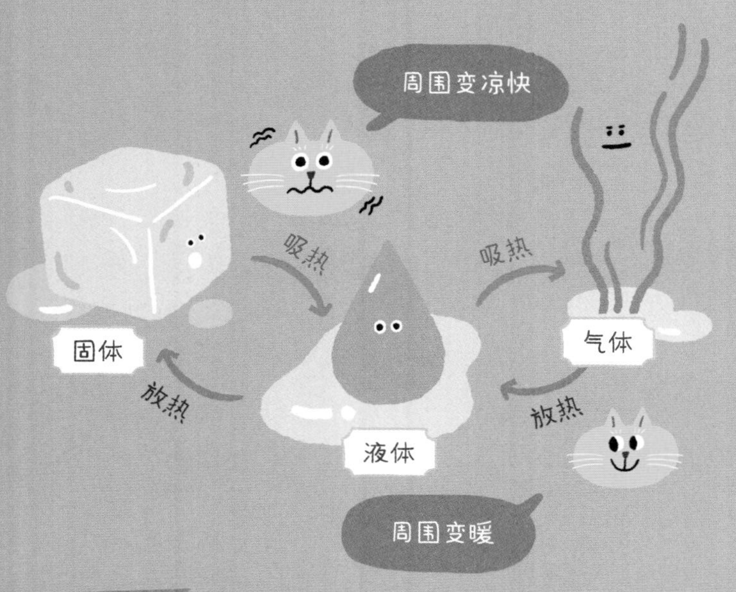

冰融化为水或者水蒸发变为水蒸气时，吸收周围的热，会使周围变得凉快。相反，气态的水蒸气变为水或者液体水变为固体冰时会放热，所以周围会变得暖和。

像这样，物质在发生物态变化时，会吸收周围的热或向周围环境放热，从而使周围的温度发生变化。

寒冷的冬天，暖宝宝会让冻僵的手或脚变暖！

暖宝宝有很多种。其中一种暖宝宝充满液体，它是利用液体变为固体时放热的原理制成的。

液体暖宝宝中有金属片。掰几下金属片，液体会发生反应，瞬间变为固体，从而变成热乎乎的手炉。

液体变为固体时放热，所以会变暖和。把变得僵硬的暖宝宝放进热水里，它吸热后会重新变为液体状态，这样暖宝宝就可以反复使用了。

重点笔记

水变为水蒸气时吸热，会让周围温度降低。水结冰时放热，可使周围温度升高。像这样，物质在发生物态变化时，会使周围温度发生变化。

· 惊奇问答 ·

人们利用水—冰暖炉的情形有哪些？

我们已经知道水结冰时会使周围变暖，那就叫它“水—冰暖炉”吧！
我们来了解一下，天气寒冷时人们是怎么利用“水—冰暖炉”取暖的吧。

1 用于储存水果的仓库！

在古代，人们会在储存水果的仓库里放上一缸水。缸里的水结冰时就会放热，这样一来，储存水果的仓库就会比外面更暖和，从而避免水果受冻。竟然不用电就可以取暖，真是令人震惊！

2 用于柑橘种植！

天气突然变冷，农作物可能会遭受霜冻。这时，农民会给农作物浇水，水结冰放出的热会使农作物免受冻害。这个原理在柑橘种植中经常使用。

被水浸湿的书冷冻之后竟能复原？

水的体积变化

义务教育科学课程标准
物质变化的特征

义务教育化学课程标准
物质的变化与转化

一个清闲的周日下午，
我一边喝水一边看书。
我把杯子里的水弄洒了，
书也被打湿了。
“哇！完了，怎么办？”
我大声叫起来。
这可是姐姐最珍爱的书，
洒了这么多水，她肯定会生气的。
有没有办法让书恢复原样，
不让姐姐知道呢？

有什么办法可以让浸湿的书恢复原样呢？

先用干毛巾擦掉书表面的水，然后在阳光下晒一晒？

或者用电风扇或吹风机一张一张地吹，尽快吹干书本？

用这些方法晾干后，书会变得皱皱巴巴，并留下浸湿过的痕迹。

不要担心，这里有一个让浸湿的书恢复原样的方法。

用干毛巾擦掉书表面的水后，把书放入冰箱冷冻室冷冻。大概过5小时后拿出来看一看，书会基本恢复到原来的状态。是不是很震惊？

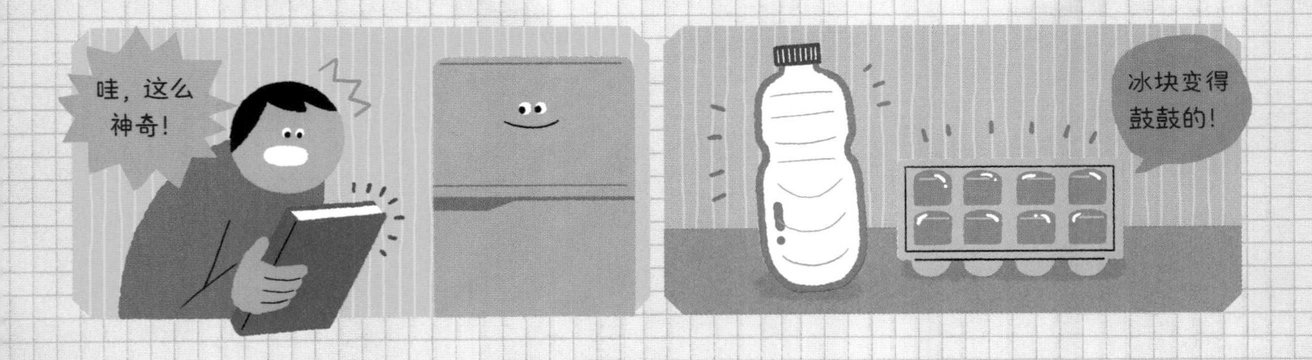

将浸湿的书放入冷冻室后为什么会恢复原样呢？

液体水变为固体冰时体积会变大。大家应该都有过这样的经历：郊游时为了带冰水，在塑料瓶中装入水后放进冰箱冷冻，冷冻后塑料瓶变得胖胖的，无法站立。

如果不记得，现在就往塑料瓶中装入水放到冷冻室试试吧！塑料瓶变胖就是因为水变成冰后体积变大了。

还有，将冰块模具注满水后冷冻，冰块经常会冒出来，变得鼓鼓的。这也是因为水结冰时体积变大了。

快点，
快点！

书的主要原料——纸是如何制成的？

纸是将从植物中提取的纤维在水里浸泡，再经过碾轧、干燥后制成的。纸被水浸湿后变得皱皱巴巴，是因为碾轧铺平的纤维又变得散乱了。

如果将被水浸湿的书放入冷冻室，书中的水就会结冰，体积变大。纤维进入冰分子变宽的空隙里，从而保持平坦的形态，书页也就不会变得皱皱巴巴了。冷冻得越快，纤维散乱程度越小，书恢复得越接近原状。

水结冰时体积变大是非常特别的事情

为什么呢？大部分物质从液体变为固体时体积会变小，因为构成物质的分子之间的间隔变小了。但是水结冰时水分子形成六方体，分子之间的空隙变大了，因此体积会变大。

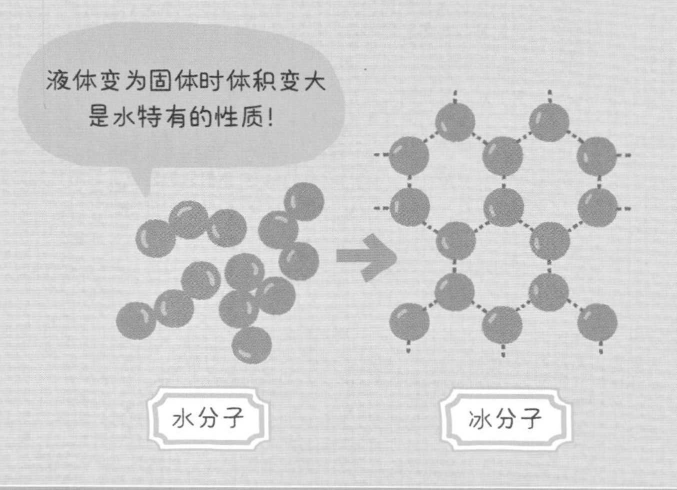
液体变为固体时体积变大
是水特有的性质！
水分子
冰分子

水结冰后体积会变大，因此需要注意的事项也很多。
我们来看看都有哪些吧。

1. 不可以用玻璃瓶冷冻水。水结冰后玻璃瓶可能会爆裂。

2. 寒冷的冬天，水管可能会冻裂。用不穿的衣服或多余的布，提前把水管包裹起来！

3. 天气变冷，锅炉可能会爆炸。锅炉里的水在流动，而暴露在室外的锅炉管内的水容易结冰，结冰后可能导致水流受堵，锅炉爆炸。

4. 寒冷的冬天，盛满水的缸可能会爆裂。

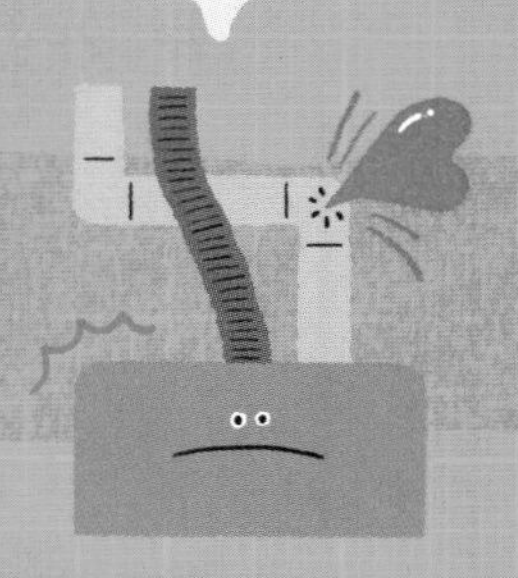

水结冰后体积会变大，冰块浮在水面上

水结冰后质量不变，但体积变大了，所以密度会变小。

为什么体积变大但质量不变呢？

体积变大是因为分子之间的间隔变大，并不是分子变多或变少，因此质量不会发生变化。如果想亲自确认冰块是否会浮在水面上，那就在装有水的杯子中放入冰块看一看吧。

冰块会浮在水面上！

有没有会下沉的冰块呢？

液体水变为固体冰时，体积变大，质量不变。

惊奇问答

假如水比冰轻，会发生什么事情呢？

因为冰的密度小于水，会浮在水面上，所以巨大的冰山浮在海面上。湖或者河结冰时，也是从水表面开始结冰，冰下面还生存着鱼和其他生物。如果水比冰轻，会发生什么事情呢？

1. 冰山沉入水下，动物无法在北极生存了。北极熊该怎么办？

3. 冰山沉入水下，更难被发现，轮船碰到冰山的概率会变大，危险也增大了。
冰比水轻是一件幸运的事情！

2. 因为会从河底或者湖底开始结冰，直至全部的水都结冰，所以到了冬天，水中的鱼等水生生物将无法生存。

如何快速清除路面的冰？

混合物的凝固点

义务教育科学课程标准
物质的三态变化

义务教育化学课程标准
物质性质的广泛应用

“快点起床！大家都去扫雪吧！”
下了一夜的雪，整个世界都变得雪白。
还没来得及欣赏白雪皑皑的美景，
大家就都去外面扫雪了。
因为雪结成了冰，家门口变成了冰路。
人们怕摔倒，缓慢行走着。
唰唰，唰唰……我们拿着扫帚认真地扫雪。
但是结冰的地方用扫帚、雪铲也无法彻底清理。
在外面待久了，手脚冷得发麻，
有没有办法使道路上结的冰尽快融化呢？

结冰的道路很滑很危险

怎样使道路上结的冰尽快融化呢？用热水使冰和雪融化会怎样？看似不错，但是融化成的水很快就会重新结冰。

那撒一些煤渣或者沙子呢？当然是个好主意，但是去哪里找煤渣或者沙子呢？

想了半天，妈妈试着在道路上撒了一种白色的粉末。冰居然开始融化了！

使冰融化的白色粉末——食盐

往冰上撒食盐，冰就更容易融化。从冰箱冷冻室拿出两块冰，分别放到两个碗里。向一个碗里的冰块撒食盐，另一个碗里的冰块什么也不做，我们会发现撒食盐的冰块融化得更快。

科学小实验　用食盐来融化冰块

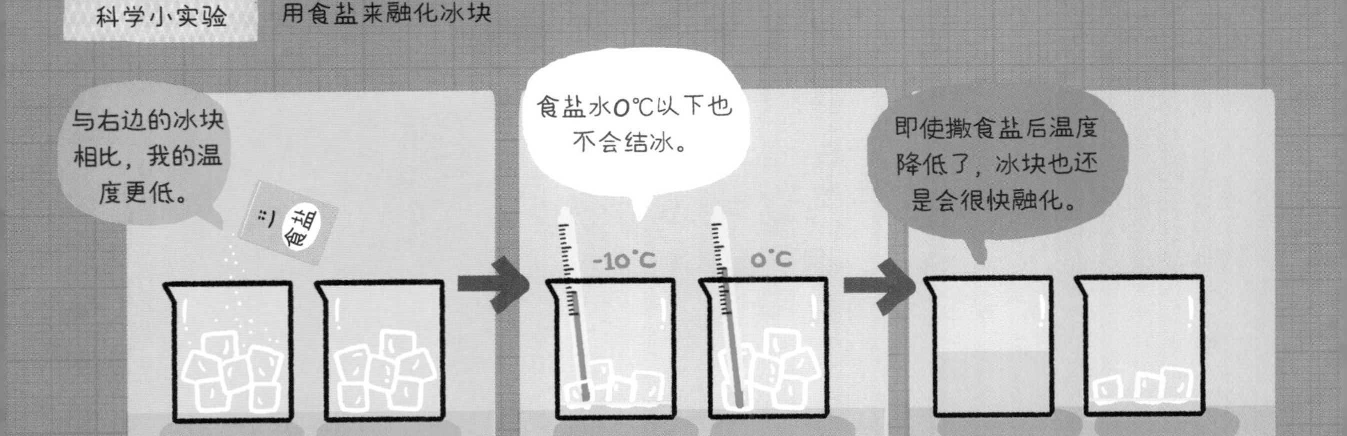

随着温度降低，水会从液体变为固体。通常水从0℃开始结冰，这个温度就是水的**凝固点**。

但如果在冰上撒食盐，即使周围温度不升高，冰也可能融化变成水。

食盐水在水的凝固点不会结冰，而是以液体状态存在。

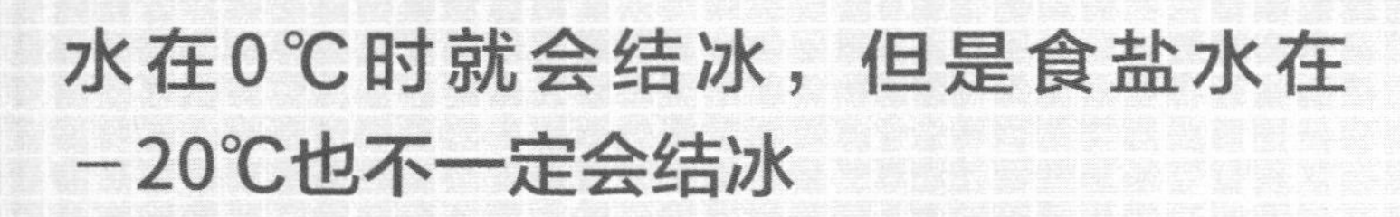

水在0℃时就会结冰，但是食盐水在−20℃也不一定会结冰

在水中加入食盐或者其他物质使它**变成混合物后，凝固点会变低。**

这是为什么呢？

冰是固态水，水分子相互凝聚在一起而形成。如果往冰上撒食盐，食盐和水混合，会阻碍水分子凝聚，让其从固态水变成液态水。因此，食盐水更不容易结冰，要在比水的凝固点低得多的温度下才会结冰。

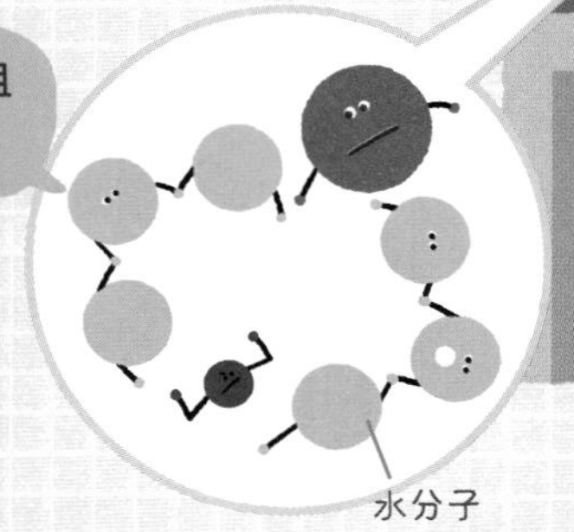

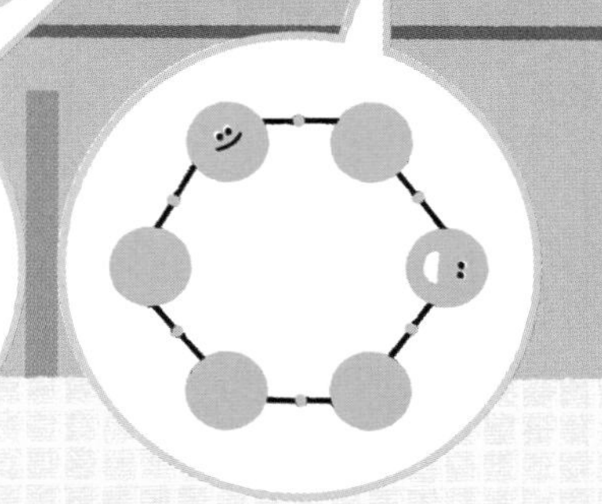

家里除雪时会使用食盐，但是清除马路积雪的除雪车主要使用的是氯化钙。

与往雪上撒食盐相比，往雪上撒氯化钙，形成的混合物的凝固点会更低。氯化钙溶液在−50℃也不会结冰。当然，撒的量不同，结果也会有所不同。撒得越多，凝固点会降得更低。但不能滥用氯化钙，它很容易腐蚀铁。

因此车从撒了氯化钙的雪地上驶过后，要擦干净沾在车底的氯化钙。车的底部大部分是铁，如果沾了氯化钙会生锈。有时也将氯化钙和食盐混合后用于除雪。盐分对生活在土壤里的生物有不良影响，所以一定要适量使用。

我该怎样利用混合物凝固点低的性质呢？

只要有冰块，即使没有冰箱也可以将酸奶或果汁冷冻成冰沙。

科学小实验

1. 在塑料袋里装入冰块后放食盐。冰块和食盐的比例最好是3∶1。

2. 在另一个塑料袋中放入酸奶或者果汁。

3. 把装有饮料的塑料袋放入装有冰块和食盐的塑料袋里摇晃一会儿，清凉爽口的冰沙就做好了！

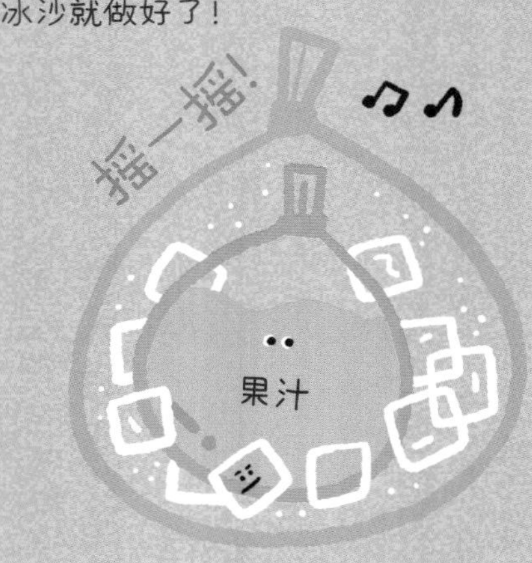

冰块中放入食盐后凝固点会降低。冰块融化时会吸收周围的热，塑料袋中的酸奶或果汁的温度会急速降低到零下，这样酸奶或果汁就会变成冰沙。

在日常生活中的更多应用

具有代表性的就是汽车防冻液。防冻液，顾名思义就是“防止结冰的液体”。

汽车行驶时发动机会变热，因此需要冷却水来冷却。

冷却水通常用的是普通的水，但是冬天容易结冰。

水结冰后体积变大，装有冷却水的水箱就会破裂！

因此我们会用到防冻液。

防冻液（含多种成分）的凝固点比水低很多，所以冬天也很难结冰，可以很好地防止冷却水结冰撑破水箱。

重点笔记

水里掺入其他物质形成混合物后凝固点会发生变化。

• 惊奇问答 •

食盐可以做的事情有哪些?

多才多艺的食盐!

1 使食物变得更好吃。
在非常淡的食物中稍微放点食盐，食物会更好吃。
食盐

2 除去道路积雪。
撒食盐后凝固点会降低，所以路上的冰雪会快速融化。但是食盐如果渗入土壤或湖中，会对动植物产生不良影响，所以不能使用太多!

3 快速冰镇饮料。
要想快速冰镇饮料，那就在冰块或冰水中放入食盐。
往冰块上撒食盐，冰块融化吸收热量，从而使饮料快速变凉。
食盐

为什么夏天汽车也要使用防冻液？

混合物的沸点

义务教育科学课程标准
物质的三态变化

义务教育化学课程标准
物质性质的广泛应用

“冷却水用完了。”汽车仪表盘上，冷却水已用尽的红色警示灯闪烁着。

“需要加防冻液了。”妈妈说。

要加防冻液？我没听错吧！

防冻液是在寒冷的冬天，为了防止冷却水结冰而加入的溶液。

现在是阳光明媚的盛夏，天气炎热，汽车的冷却水不会结冰啊，为什么在盛夏也要使用防冻液呢？

食盐水的沸点和普通水的沸点相同吗?

冷却水中加入防冻液得到的混合物不容易结冰，在冬天使用可以理解，但是一年四季都要使用防冻液，又是为什么呢？这是因为**水与防冻液的混合物的沸点高于水的沸点。**

将食盐水和普通水分别煮开，测量一下它们的温度就可以知道了。常温常压下普通水在100℃时沸腾，但是食盐水要在100℃以上的高温下才会沸腾。

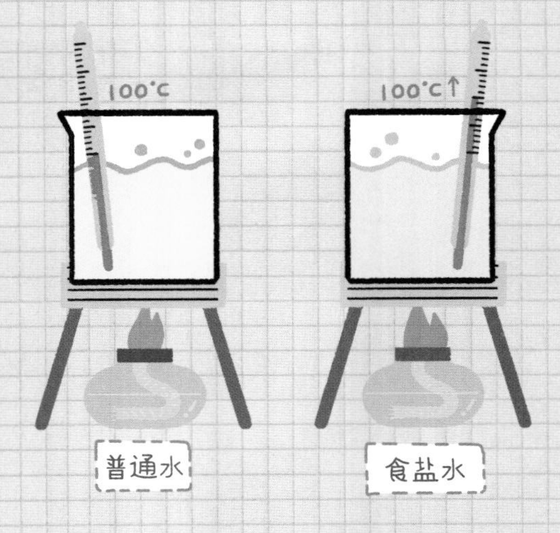

为什么食盐水的沸点高于普通水?

就像食盐水的凝固点低于普通水是因为盐分充当了阻碍者一样，溶化在食盐水中的盐分会插入到水分子之间，妨碍水分子变为水蒸气散发到空气中。

液体水变为气体水蒸气，需要突破盐分的阻碍，因此需要更多的热量。也就是说，需要加热到更高的温度，食盐水才会沸腾。在汽车冷却水中加入防冻液，会让冷却水像食盐水一样凝固点降低、沸点升高。

也就是说，在炎热的夏天，即使发动机变得很热，冷却水也不会沸腾。

水分子

呀!

因为食盐的干扰，食盐水的沸点会变高。

也是因为食盐的干扰，食盐水的凝固点会变低。

食盐水

普通水

沸点

凝固点

气体

液体

固体

100°C

0°C

下次在爸爸或妈妈做饭时，你仔细观察一下。他们在煮挂面、意大利面、鸡蛋时会先往水里放食盐。放食盐后的水沸点会变高，从而可以在更高的温度下煮面条或鸡蛋。温度高，面条煮熟得快，煮出的面条更筋道、更好吃。

水的凝固点并不总是0℃，沸点也并不总是100℃

就像在水里加入其他物质会让水的凝固点变低、沸点变高一样，水的沸点和凝固点也会因气压而异。**沸点**受的影响尤其大。水沸腾后，水蒸气顶住外部压力散发到空气中了。当外部气压与水蒸气压力相同时，水开始沸腾。

大家见过高压锅吗？高压锅中有增加压力的装置，因此比普通锅内的压力高。如果高压锅内的压力增大，水蒸气受到的压力也会相应增大，因此沸点会变高。高压锅煮的饭比普通锅煮的饭更黏、更好吃，就是因为高压锅中水的沸点更高。相反，如果压力减小，沸点会变低，不到100℃，水就会沸腾。到山顶煮一下水，你就知道了。

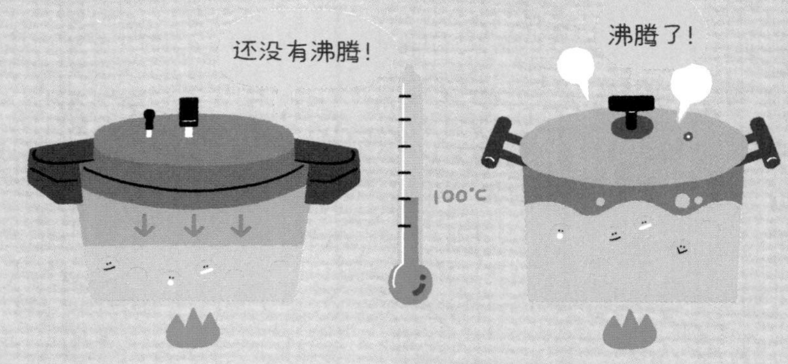

地面上的气压为1个标准大气压，越往山顶走气压越低

在山里做饭时，一定要小心引发山火！要在指定位置做饭！

气压是空气作用在单位面积上的大气压力，越往山顶走空气量越少，气压随之下降。

在山顶煮饭，米饭不容易煮熟。这是因为温度还没有达到100℃水就沸腾了。

水里掺入其他物质形成混合物后沸点会发生变化。
压力越大，水的沸点越高；压力越小，水的沸点越低。

想在家里做这个实验的小伙伴，可以将食盐水作为混合物使用。

• 惊奇问答 •

哪一杯是纯净水？

有两杯水，看上去好像都是纯净水，但其实一杯是纯净水，另一杯是水里掺入其他物质的混合物。大家试着找一下哪杯是纯净水吧！

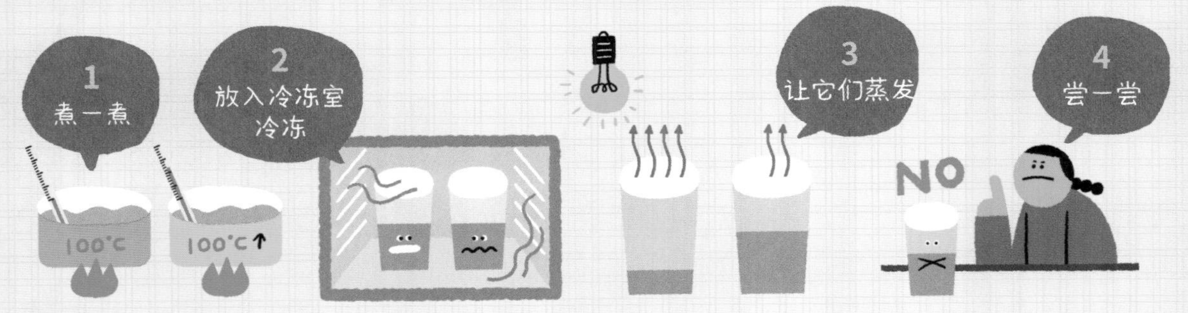

哦，学得很好。
水会在100℃时沸腾，混合物会在更高的温度时沸腾。（需要大人协助哟！）但是做这个实验，需要有可以测量100℃以上温度的温度计。否则，这个实验就没法做了！

不错的主意。
结冰速度快的是纯净水，混合物的凝固点低，因此结冰速度会慢。没有温度计也可以做。缺点是如果太晚确认，两个就都已经结冰了，因此不要忘记及时确认。

好样的。
混合物不容易蒸发，而水的蒸发速度更快。缺点是蒸发很慢，实验需要花很长时间。性子急的小伙伴们可以看一下加快蒸发速度的方法（第78页）。

不行！太危险了。
除非是用家里厨房的糖水或食盐水进行的实验，否则不要尝。乱吃东西很危险哟。

为什么碳酸饮料瓶跟矿泉水瓶不一样？

气体的溶解度

义务教育科学课程标准
物质的溶解和溶液

义务教育化学课程标准
化学反应的应用价值

你喜欢喝碳酸饮料还是矿泉水？
我两个都喜欢。
有时喜欢碳酸饮料刺激的口感，
有时喜欢矿泉水纯净的味道。
但是在喝饮料或者矿泉水时，
你有没有仔细观察过包装瓶呢？
如果仔细观察过，应该会发现装碳酸饮料和
装矿泉水的塑料瓶是不同的。
装着碳酸饮料的塑料瓶比矿泉水瓶更厚，
底部是凹凸不平的花瓣形状。
为什么包装瓶的形状会如此不同呢？

如果将碳酸饮料放入矿泉水瓶中，会发生什么事情呢？
可乐
水

为什么刚从冰箱里取出的碳酸饮料口感更刺激?

吃比萨、炸鸡等油腻食物时喝点碳酸饮料，刺激的口感会让你感到很清爽。碳酸饮料是将二氧化碳溶解在加了糖和各种食品添加剂的溶液中制成的。二氧化碳溶于水后会产生碳酸，所以把这种饮料叫作碳酸饮料。

碳酸饮料口感刺激的秘密就在于碳酸。碳酸饮料瓶和矿泉水瓶的形状不同也是因为碳酸。

制作碳酸饮料的材料二氧化碳会溶于水，但并不是很容易溶解。在自然条件下使二氧化碳最大限度地溶解，也很难得到刺激的口感。因此，为了得到刺激的口感，需要在水里溶解更多的二氧化碳。如何才能溶解更多的二氧化碳呢？物质在溶剂中溶解的最大限度叫作**溶解度**。如果你知道了提高二氧化碳溶解度的方法，就能成功制作出碳酸饮料了。

碳酸饮料和矿泉水的差异就是碳酸！
可乐
水

怎样提高气体的溶解度?

水越烫，即温度越高，白糖等固体溶解得越多。大多数固体的溶解度随着温度升高而增大，且几乎不受压力的影响。那么二氧化碳等气体的溶解度如何呢?

气体的溶解度变化规律与固体完全相反，温度越低溶解得越多，而且受压力的影响也更大，压力越大溶解度就越高。

为什么温度越低、压力越高，气体的溶解度越大呢？

温度越低，气体分子的运动会越慢，所以气体分子的运动会变得与液体分子运动的活跃度相似，从而能很好地溶入液体中。另外，如果压力大，气体分子无法逃出溶液，就会有更多的气体溶解在溶液中。

温度越低、压力越高，气体的溶解度越大。

因此，制作碳酸饮料时，如果想要溶解更多的二氧化碳，只要降低温度或者提高压力就可以了。碳酸饮料通过提高压力的方法制成。地球表面的大气压力是1个标准大气压。制作碳酸饮料时，将压力提高到3—4个标准大气压，就可以溶解更多的二氧化碳。盖紧瓶盖，让塑料瓶内保持高压，带有刺激口感的碳酸饮料就做好了。

碳酸饮料是在3—4个标准大气压的高压下制成和保存的。如果将碳酸饮料装入矿泉水瓶中会怎样呢?

矿泉水瓶能承受的气压是1个标准大气压，因此塑料瓶会因为无法承受压力而膨胀鼓起，所以需要用可以承压的瓶子。

通过对各种瓶子进行实验发现，瓶底是花瓣形状、瓶身和盖子用更加坚硬的材质制成的瓶子是最适合盛装碳酸饮料的。而且为了防止瓶子摇晃或者受冲击时碳酸饮料中溶解的二氧化碳逸出，应在瓶口处留出空间。

如果将装满碳酸饮料且没有留出空间的塑料瓶随意摇晃后打开盖子，可能会因二氧化碳向外逸出产生的压力太大而酿成大祸。所以，不要因为碳酸饮料装得不够满而生气哟!

啧啧，你不知道气体原理吧?

这瓶碳酸饮料没有装满，请给我退款!

可乐

重点笔记

大多数固体的溶解度随温度升高而变大，几乎不受压力的影响。气体的溶解度随温度的降低、压力的增大而变大。

惊奇问答

打开盖子的碳酸饮料如何保存?

保存喝剩的碳酸饮料时，要防止碳酸饮料中的二氧化碳逸出，这样下次才能喝上没有漏气的碳酸饮料。那怎样做才能最大限度地提高气体的溶解度呢?记住，低温、高压可以提高气体溶解度!

1 放入冰箱保存

将碳酸饮料放入冰箱保存，可以保持低温，但只是这样做是不够的。放入冰箱前，应打开盖子，挤扁塑料瓶后再盖上盖子保存。塑料瓶内的空间变小，二氧化碳逸出后占据的空间也会变小，因此可以减少气体逸出。

2 使用加压瓶盖

利用加压瓶盖的橡胶泵往塑料瓶中注入空气。增大塑料瓶内的压力，可以提高二氧化碳的溶解度。

3 保存时不要摇晃

小心翼翼地保存，绝对不要摇晃饮料瓶，这样可以防止漏气。

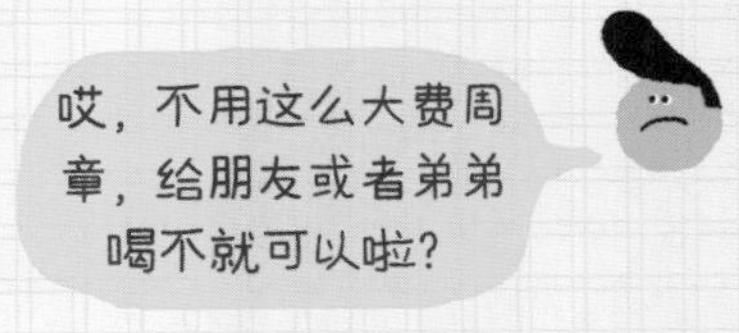

哎，不用这么大费周章，给朋友或者弟弟喝不就可以啦?

为什么切洋葱时会流泪？

气体的扩散

义务教育科学课程标准
空气和水是重要的物质

义务教育化学课程标准
物质性质的广泛应用

“晚餐做什么好呢？咖喱饭怎么样？”

“好呀！”

今天是妈妈的生日！

我打算做美味的咖喱饭，让妈妈开心一下。

只要有洋葱、土豆、胡萝卜、咖喱粉、水就可以轻松制作。

首先，蔬菜全部去皮备用，

放在案板上切成方便入口的大小。

但是与切土豆和胡萝卜不同，

每次切洋葱时我都会两眼泪汪汪。

切洋葱时为什么会流泪呢？

有没有不流眼泪，开心制作咖喱饭的方法？

星期一
2
妈妈生日

切洋葱时为什么会流泪呢?

洋葱又辣又甜，不仅可用于制作咖喱饭，还是炸酱面、炒饭等的制作材料。该怎么切洋葱呢？使用刀的时候要特别小心，以免被刀划伤手。先把洋葱皮剥去，露出洋葱肉。去皮的时候眼睛就会感到辣，但还不是很辣。

切洋葱的时候才是真正的辣。先把洋葱切成两半，再切成两半，切得越细就越会感到辣。眼睛火辣辣地疼，止不住地流泪，甚至还会流鼻涕。我没有用沾有洋葱汁的手揉眼睛，而且是小心翼翼地切，不让洋葱汁溅到眼睛里，但为什么还是会流泪呢?

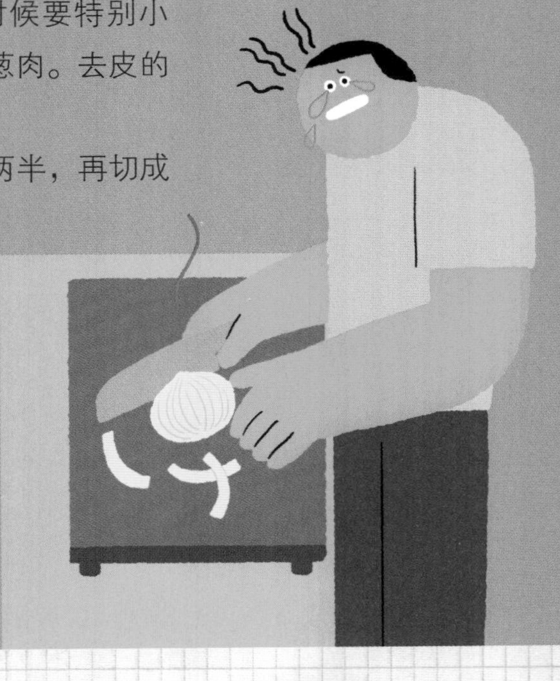

眼泪是我们身体的挡箭牌！辣的成分会被眼泪冲洗掉。
呜，好难受！进入鼻子里的气味是没办法被洗掉的。

流眼泪的秘密隐藏在洋葱细胞的两种成分里

洋葱细胞中含有硫化物和蒜氨酸酶。二者通常是分开的，都不会刺激泪腺。但是把洋葱切细或者捣碎后，细胞被破坏，二者相遇后发生化学反应，生成新物质丙烯基次磺酸。

又有其他酶作用在这种连名字都记不住的物质上，生成催泪成分。这种物质挥发性强，横冲直撞地散发到空气中。当这些物质进入我们的鼻子和眼睛里时，我们就会流泪了。呜呜!

这些气体是如何到达泪腺的呢？

气体是物质的一种状态，没有固定的形态。

构成气体的分子彼此相隔较远，可以自由运动，因此它们会无限膨胀，轻松填满任何容器。让我们通过实验来确认一下吧！

把干冰放入小塑料桶中，盖上盖子，放到操场中央，结果会怎样呢？

干冰会渐渐消失，塑料桶鼓起来，最后盖子会飞掉，这是因为随着固体干冰变为气体，分子间的距离变远了，塑料桶受到气体挤压后膨胀，最后盖子也飞掉了。

气体看不见，摸不着。但是气体分子会自由运动，可以扩散到很远的地方，从而进入我们的眼睛和鼻子，让我们的身体感觉到。

每次路过面包店，我都会走不动路。即使努力不看面包，也会在不知不觉中闻到香喷喷的面包味道！
啊，流口水了。
教室里有个同学放屁了。坐在他旁边的同学会闻到臭味。
啊，好臭！有人放屁了。

重点笔记

气体分子彼此间离得远，可以自由运动，所以气体会无限膨胀，可以轻松填满任何容器。大部分气体不能被看见，有的气体能够被闻到。

惊奇问答

切洋葱时不流泪的方法有哪些呢？

切洋葱时要想不流泪，只要不让催泪的气体接触眼睛就行。

除了下面的方法外，你还能想到什么方法吗？（要在大人协助下切洋葱哟。）

1. 试试戴着泳镜切洋葱吧。

3. 点一支蜡烛后再切洋葱吧！辣眼睛的气体被热空气赶走，就不会辣眼睛了。

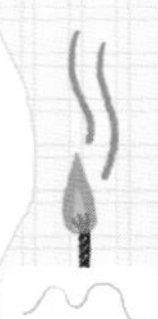

4. 打开电风扇切洋葱，辣眼睛的气体就会被风吹走，所以不会辣眼睛。这也是个好方法。

2. 在水里切或者用凉水浸泡10分钟左右再切。洋葱中辣眼睛的成分会被水溶解，就不会辣眼睛了。

最简单的方法不应该是让弟弟切吗？哈哈哈。

煮鸡蛋时，蛋壳为什么会破裂？

义务教育科学课程标准

物质变化的特征

“啊！又破了好几颗！”爸爸哭丧着脸说。
今天全家要去郊游，爸爸负责煮鸡蛋。
锅里煮的鸡蛋蛋壳破裂了，
上面有很多条裂痕。
每次全家出去玩的时候，
爸爸都会带上煮鸡蛋和汽水。
但每次煮鸡蛋，鸡蛋壳都会破裂。
鸡蛋壳为什么会破裂呢？
有没有办法防止鸡蛋壳破裂呢？

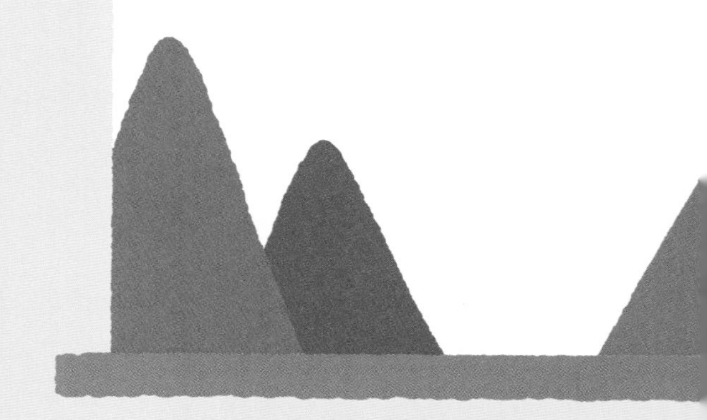

先来看看爸爸是怎么煮鸡蛋的吧！

1
从冰箱里取出鸡蛋。

2
将鸡蛋放入锅中，加水至没过鸡蛋。

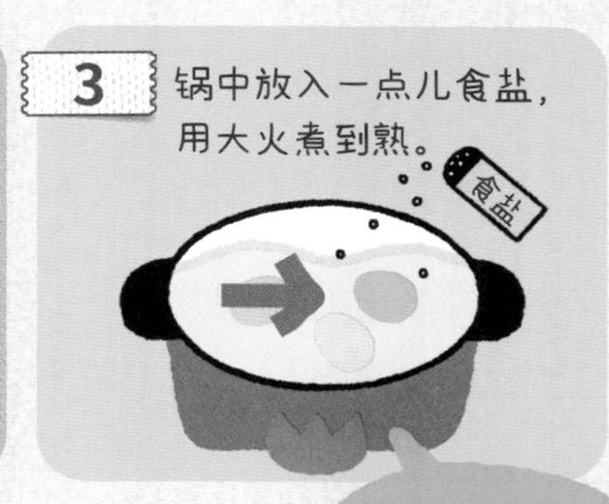

3
锅中放入一点儿食盐，用大火煮到熟。
食盐
水开后，再煮七八分钟就会变成好吃的溏心鸡蛋！

啊！我知道鸡蛋壳破裂的原因了。

鸡蛋壳破裂是由于温度升高后气体体积变大了。当气体温度升高时，构成气体的分子会获得能量并活跃地运动，所以分子之间会发生更多的碰撞，分子间的距离会越来越远。

虽然气体分子的数量和大小不变，但分子间距离变大了，占据的空间更大了，体积增大。反之，当温度降低时，气体分子会失去能量，运动变得缓慢，体积随之减小。

鸡蛋的气室中有空气。放在冰箱里的鸡蛋，因为环境温度低，所以其中的空气处于收缩状态。如果将冰凉的鸡蛋突然加热，气室体积不断增大，大到没有可以继续增大的空间时，就会砰的一声炸开，鸡蛋壳就破裂了。另外，用大火煮鸡蛋，会使鸡蛋中的水分快速变成水蒸气，这也会导致气室体积增大，鸡蛋壳因此破裂。知道了原因，以后煮鸡蛋就是小菜一碟了吧？

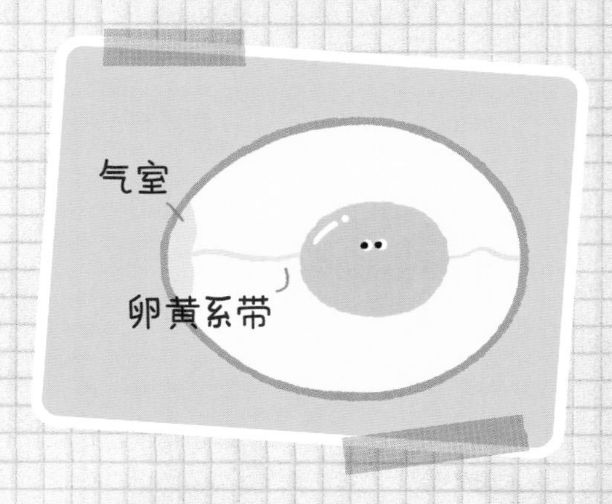

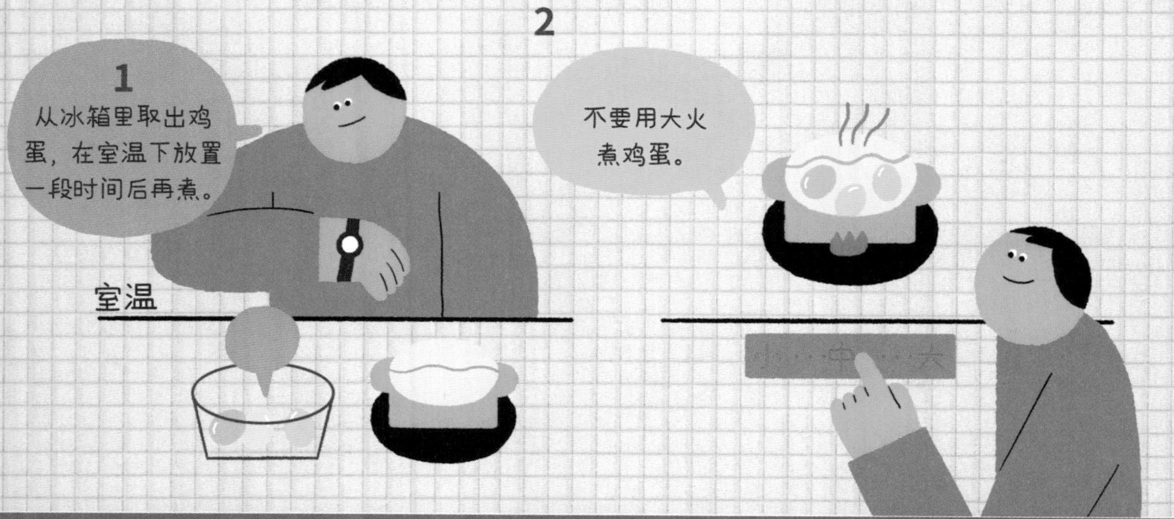

可以更直观地看到气体体积随温度改变而变化吗？

可以的。我们通过一个实验来观察“气体随着温度升高体积增大，随着温度降低体积减小”的现象吧。将两个气球吹成相同大小，一个放进冰水里，另一个放进热水里（要在大人监督下操作哟）。如果没有冰块，也可以把气球放进冰箱后再取出。

就像身体冷了会缩成一团一样，气体分子也是因为冷，所以缩成一团吗？
是的，气体分子冷的时候也会收缩！
气球热了会变胖。
冰水
热水

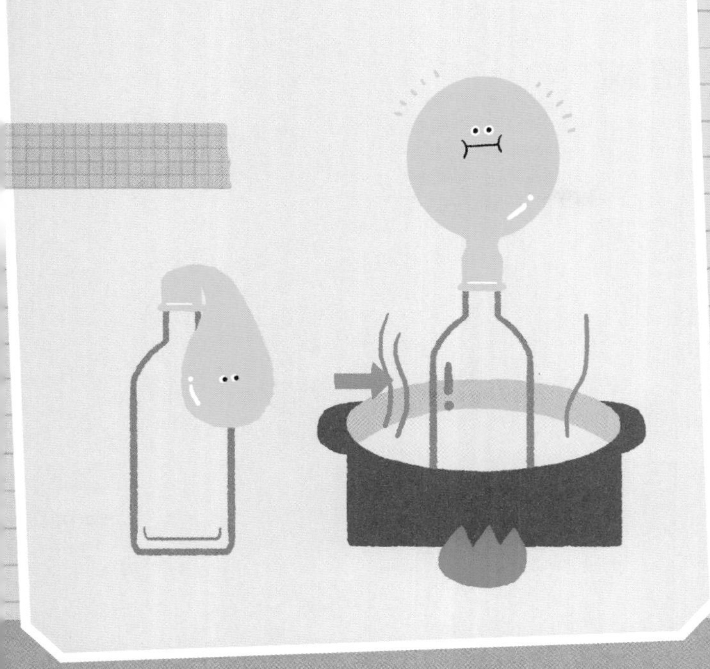

不用手和嘴就能吹气球?

这听起来像谎言，却是完全可能的事情。试试在空瓶的入口套上气球后，把瓶子放进装有水的锅里。然后加热锅里的水，气球就会膨胀起来。这是因为瓶子里和气球里的空气受热后体积变大了。

那如果把空塑料瓶放进冰箱，过一段时间后再取出，会发生什么变化呢?

① 没有任何变化　② 冷冻破裂　③ 变瘪

答案是3！温度降低，塑料瓶中的空气体积变小，所以瓶子会变瘪。

如果好奇，就打开冷冻室把瓶子放进去试试吧!

法国物理学家查理是第一个发现“随着温度升高，气体体积变大”的人。

所以今天我们把这种规律称作**查理定律**。

查理进行了一系列实验，研究了当外部压力一定时，随着气体温度的升高，体积会增加多少。

后来一位叫盖·吕萨克的人，将实验结果总结成公式，并命名为查理定律。查理定律适用于任何气体。

“鸡蛋壳破裂是因为查理定律”，这种说法也是对的。

鸡蛋壳破裂是因为查理定律!

你有没有见过在高空中飞行的热气球？

乘坐热气球飞行可以从空中俯视大地，感觉很奇妙！热气球之所以能飞向高空，正是利用了“气体随着温度升高，体积变大”的性质。查理在1783年亲自制造了热气球，并成功实现了乘热气球飞行。

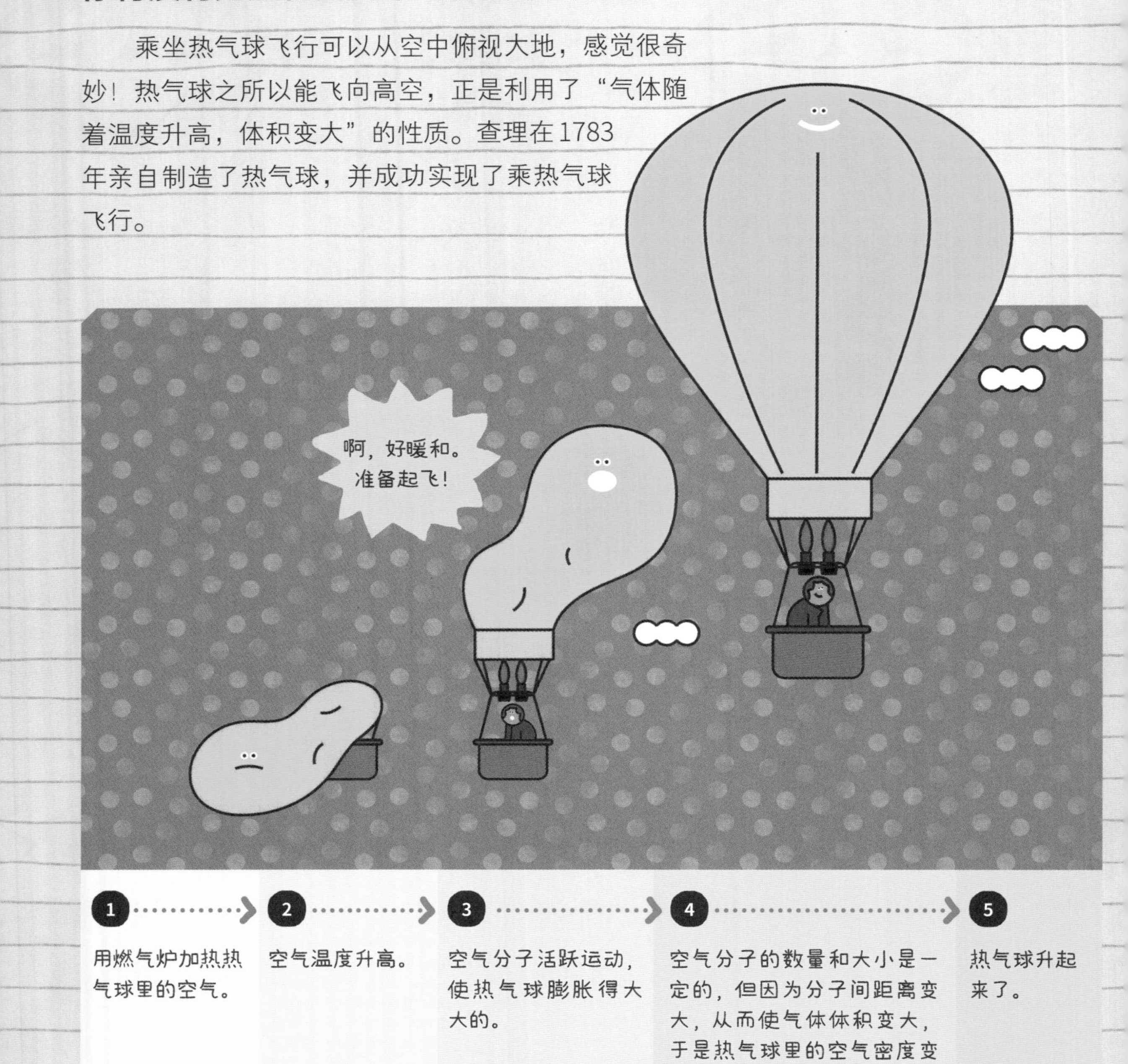

1 用燃气炉加热热气球里的空气。

2 空气温度升高。

3 空气分子活跃运动，使热气球膨胀得大大的。

4 空气分子的数量和大小是一定的，但因为分子间距离变大，从而使气体体积变大，于是热气球里的空气密度变得比周围的空气密度小。

5 热气球升起来了。

重点笔记

压强恒定时，气体体积随着温度的变化而变化。
温度升高，体积增大；温度降低，体积减小。

• 惊奇问答 •

在自己周围找找可以利用查理定律的地方吧！

学习了查理定律，就可以解决生活中遇到的很多问题，都有哪些呢？

1 乒乓球瘪了！

试试把乒乓球放进热水里。乒乓球里的空气体积增加，会将瘪了的部分往外推，从而恢复原状。

2 碗叠在一起无法分开！

将碗浸泡在热水里，碗之间的空气温度升高，体积增大，碗就分开了。

3 从冰箱里取出的饮料瓶盖打不开！

瓶子里的气体受热后体积增大，向外推瓶盖，所以瓶盖打开了。

用衣服或温暖的手包裹瓶子片刻，就可以很容易拧开瓶盖。知道原因了吧？

4 炎热的夏天，轮胎变得鼓鼓的！

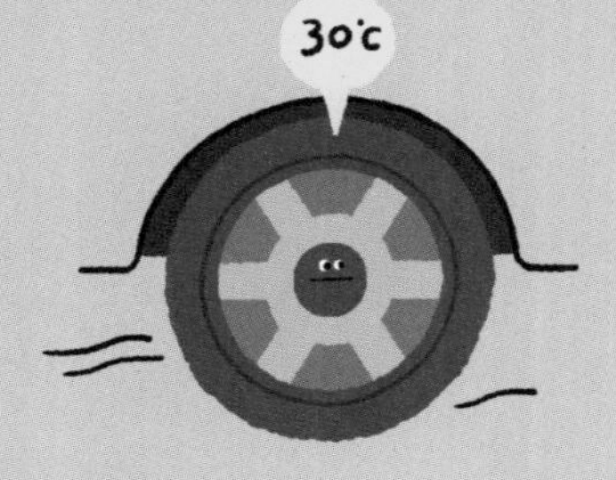

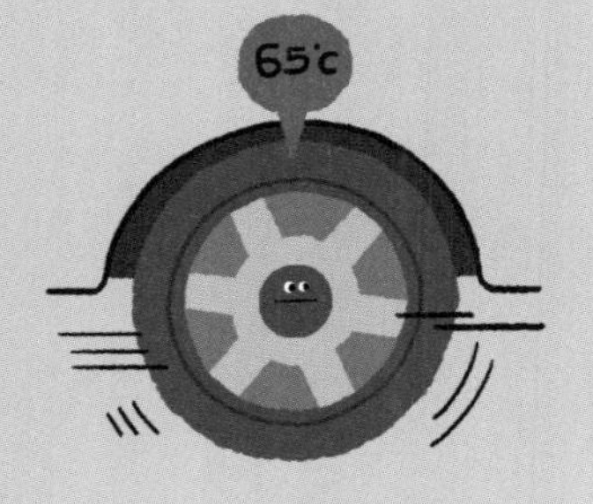

100°c
炎热的夏天，如果将轮胎装满空气，可能会砰的一声爆炸。

夏天，停在路边的汽车，轮胎温度大约是30℃。以每小时60千米的速度行驶一段时间后，轮胎温度大约是65℃。快速行驶过程中，轮胎温度甚至会升高到100℃。轮胎中的空气分子互相碰撞使轮胎变得鼓鼓的，所以不能充气充太满！

气垫弹跳游戏是多亏了气体？

玻意耳-马略特定律

义务教育科学课程标准

物质变化的特征

为了躲避最后的酷暑，我们全家去戏水，
还玩了气垫弹跳（Blob Jump）。
走上跳台，我开始两腿发抖，
“好害怕，我要跳下去吗？”
最后，我鼓起勇气，闭着眼睛跳了下去。
当我跳到巨大的充气垫上时，
看到坐在充气垫另一头的妈妈被高高弹起。
“哇，真好玩！”
据说令人害怕但刺激的气垫弹跳在设计上利用的是气体的性质，是这样吗？

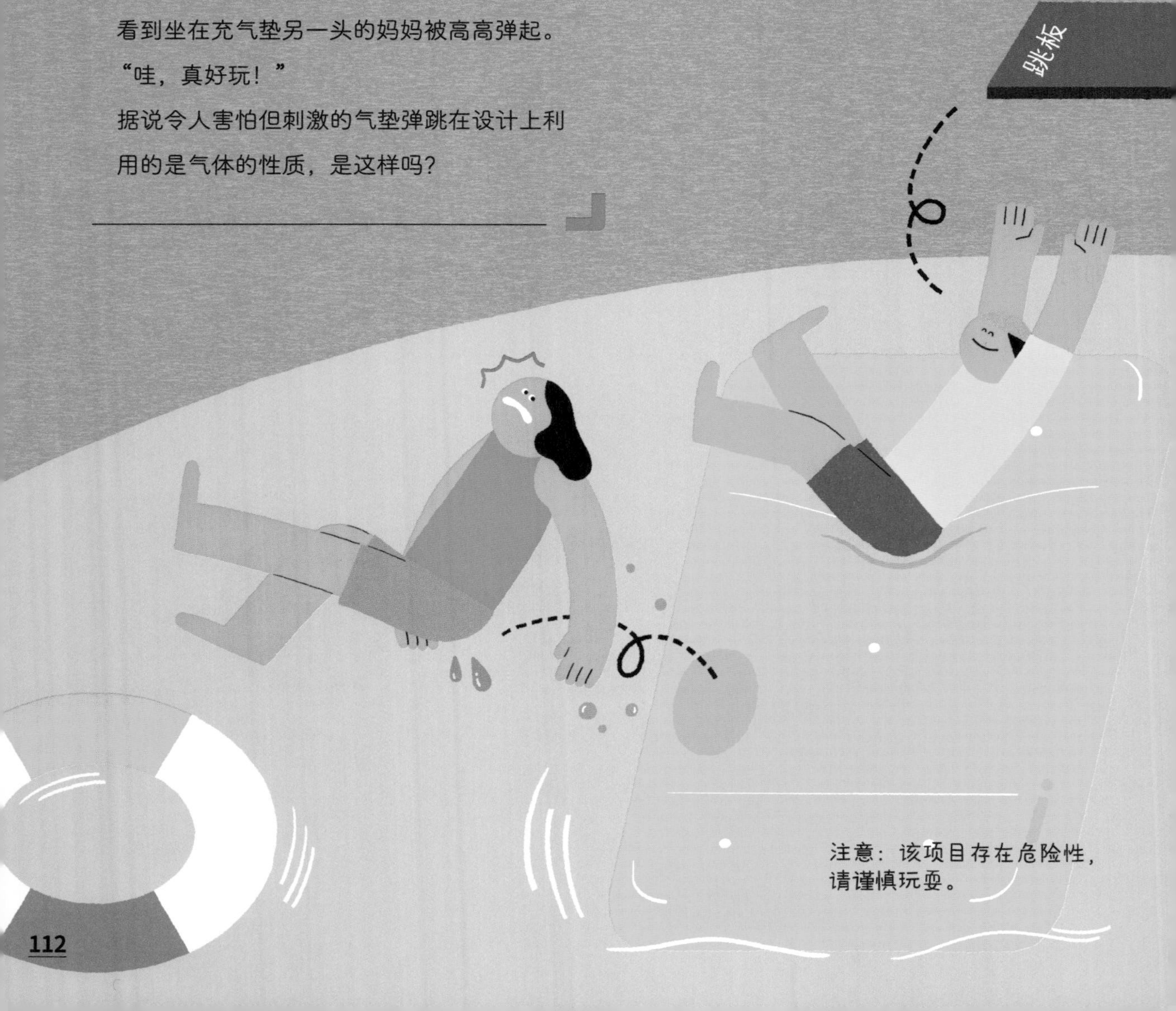

跳板

注意：该项目存在危险性，请谨慎玩耍。

在自己的周围寻找固体、液体、气体三种不同状态的物质

观察一下给不同物质施加力量后，它们的体积会如何变化。

对鼠标、书等固体无论怎样用力，体积都不会变化。接下来轮到液体水了，但是具有流动性的液体要如何施加压力呢？利用注射器或塑料瓶等容器就可以了。注射器中加入水，堵住前端并按压注射器活塞，就可以对液体施加力量，或在塑料瓶中装满水后用手按压也可以。同样，体积几乎没有变化。

增大或减小力量，体积几乎不变。

如何对肉眼看不见的气体施加压力呢？

气体也像液体一样，利用注射器就可以轻松进行实验。还需要准备可以放入注射器里的小气球。

先把小气球吹起来，再放进注射器里。然后堵住注射器前端，用力按压注射器活塞。这样就可以对注射器里的空气施压了。啊，气球变小了。反之，如果向后拉活塞，即减少压力后，气球会重新鼓起来。像这样，气体体积会随着压力的变化而发生变化。

科学小实验 压力实验

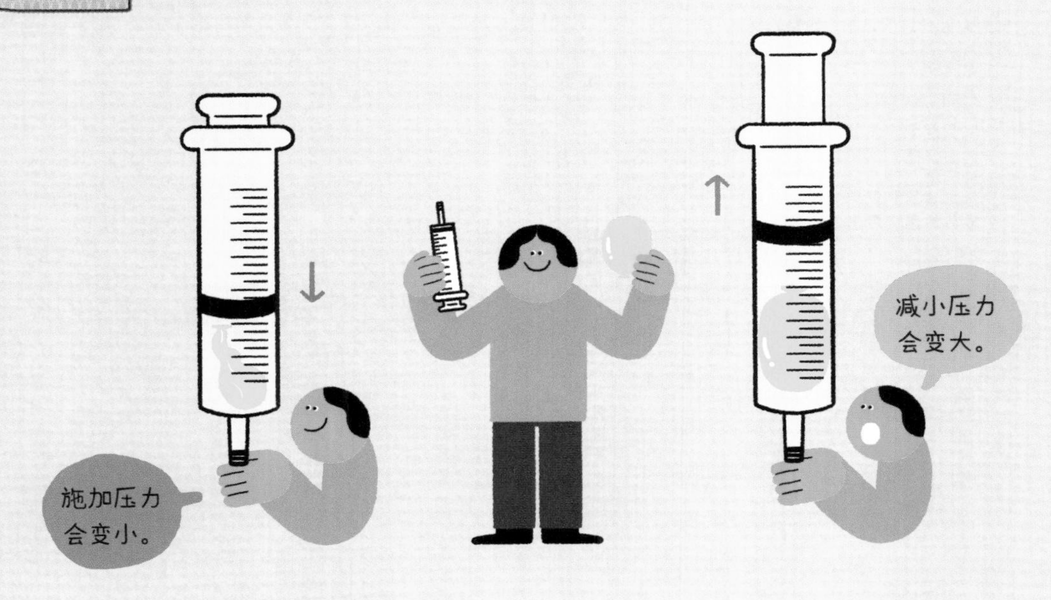

施加压力会变小。
减小压力会变大。

给气体施加压力时，气体体积减小。这是因为气体分子的数量和大小没有变化，但分子之间的距离变小了。相反，如果外部施加的力量消失（压力减小），分子之间的距离会变大，气体体积会恢复到原来的状态。固体或液体分子之间的距离比气体分子之间的距离更小，因此，即使在外部施加压力或减小压力时，体积也几乎不会变。

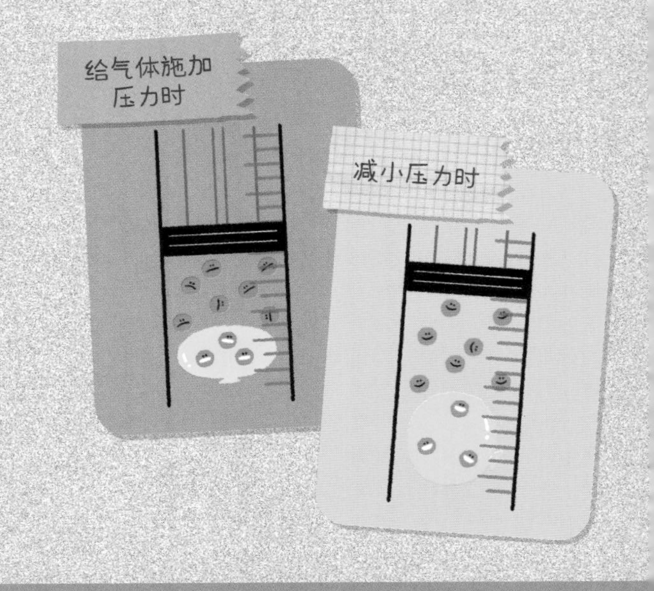

我们周围很多东西都利用了气体体积随压力变化而变化的性质

充气垫、瑜伽球、后跟部注入空气的气垫鞋，这些东西都是利用了“随着压力增大空气体积减小，压力消失空气体积恢复原样”的性质。特别是气垫鞋，起到了减小脚掌受到冲击的作用，很适合打篮球时穿。

气体原理还用于洗发露或化妆品的瓶子。按压洗发露或化妆品瓶的喷嘴，里面的液体就会流出来。这也是利用了“随着压力变化气体体积发生变化”的性质。

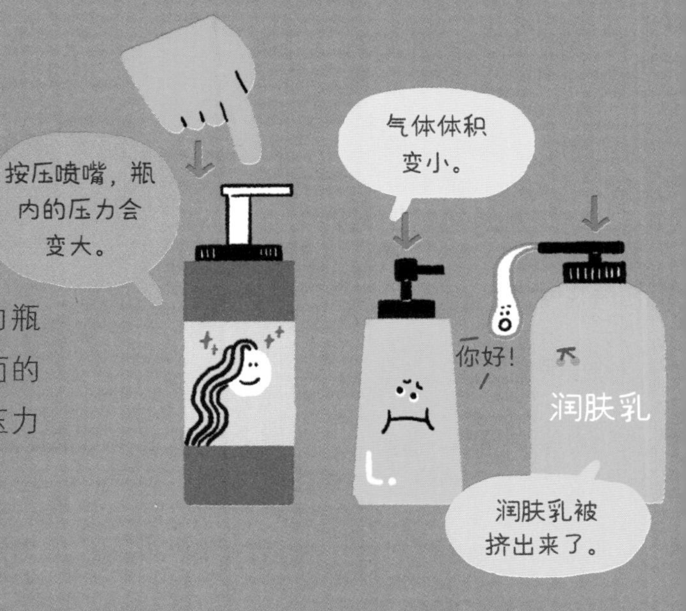

英国科学家玻意耳进行了各种关于气体的实验

玻意耳进行过一个巧妙的实验，他制作了一根J形玻璃管，短的这端是封闭的。然后从长的那端倒入水银，观察被堵在短管中的空气体积是如何变化的。

他发现了“在一定温度下，气体所受压强和体积成反比”的事实，这就是**“玻意耳-马略特定律”**。

水银放得越多，压力越大，玻璃管末端的空气体积越小。

水银

压力增加到原来的2倍、3倍、4倍时，体积会减小到原来的1/2、1/3、1/4。

重点笔记

温度恒定时，对气体的压力增加，气体分子之间的距离变小，体积减小，对气体的压力减小，气体分子之间的距离变大，体积增大。

· 惊奇问答 · 找一找可以用玻意耳-马略特定律解释的现象吧！

1 松手后氦气球飞向天空，最后爆炸。

2 随着高度变化，飞机内装有半瓶水的塑料瓶膨胀或变瘪。

3 小气球从水很深的地方浮到接近水面时体积会变大。

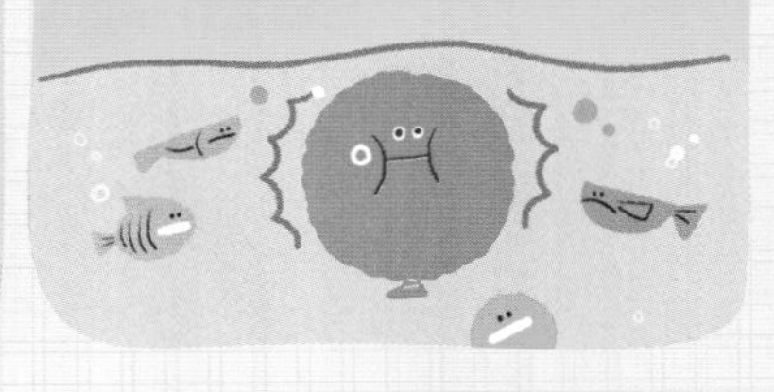

氦气球飞上天空后，因为周围气压变低，所以气球会渐渐变大。当气球大到一定程度时，就会砰的一声爆炸。

海拔越高，气压越低，所以水瓶受到的压力也会减小，瓶内的空气体积会增加，水瓶膨胀。反之，飞机下降时，越接近地面气压越高，瓶内的空气体积变小，水瓶变得皱皱巴巴。

小气球浮到接近水面时，水压变低，气球内的气体体积变大，气球膨胀。

让紫罗兰花瓣变色的物质是什么？

一个天气晴朗的周末，
我和小伙伴去了姨妈的实验室玩。
姨妈正满头大汗地忙着做实验，太帅了。
但是感叹是暂时的！“哎呀！”姨妈尖叫道，
“我弄倒了盐酸，不要靠近。”
由于失误，姨妈把一种叫作盐酸的物质洒在
了紫罗兰花瓣上。
盐酸一洒上去，紫色的紫罗兰花瓣就变成了红色。
让紫色花瓣变红色的盐酸究竟是什么物质呢?

我们走进厨房打开冰箱或者橱柜，找一找食醋、果汁和小苏打。如果有汽水、运动饮料，也一起准备好。小苏打是制作面包或洗蔬菜时会用到的白色粉末。

先将小苏打溶解在水中，然后尝一尝。它们分别是什么味道呢？

小苏打有苦涩和咸咸的味道。食醋和果汁是酸酸的味道。像食醋和果汁一样有酸味的液体具有**酸性**，像溶于水里的小苏打一样有苦味的液体具有**碱性**。什么味道都没有的水是**中性**的。

酸和碱是特殊的物质，通常需要溶于水才能呈现酸性或碱性。食醋和果汁有酸味是因为其中含有酸，小苏打的苦味来自溶于水后呈现的弱碱性。酸有很多种，如硝酸、硫酸、盐酸、食醋中的醋酸、果汁中的柠檬酸等。碱有制造香皂的原料氢氧化钠、氢氧化钾等很多种。酸的名字几乎都以“酸”结尾，看到名字可以立刻知道是酸。

但是碱并不叫作“× 碱”，不能马上知道是不是碱。不过大部分都会带有“氢氧化”的字眼。

好奇怪，为什么有的物质是酸，有的物质是碱？

科学家们发现，酸和碱溶于水后，形成的离子种类很不相同。酸溶于水后产生氢离子（H^+），碱溶于水后产生氢氧根离子（OH^-）。现在知道大部分碱以“氢氧化”开头命名的原因了吧？

如何知道某种液体是酸性的还是碱性的呢？

酸和碱的离子种类不同，但因为氢离子和氢氧根离子用肉眼看不见，所以很难判断。啊，酸带有酸味，碱带有苦味，是不是可以通过尝味道分辨呢？

不行。用味道判断是非常危险的方法！食醋、小苏打等可以吃的食材尝一尝没问题，但并不是所有的物质都能尝，很多物质是对人体有害的。另外，并不是所有酸性液体都是有酸味的。

因此，要想知道液体的酸碱性，需要使用一种特殊的东西——**指示剂**。

指示剂遇到酸性溶液或碱性溶液时会变成不同的颜色。我们一眼就可以看出其酸碱性。最简单的指示剂是石蕊试纸。蓝色的石蕊试纸在酸性溶液中变成红色，红色的石蕊试纸在碱性溶液中变成蓝色。

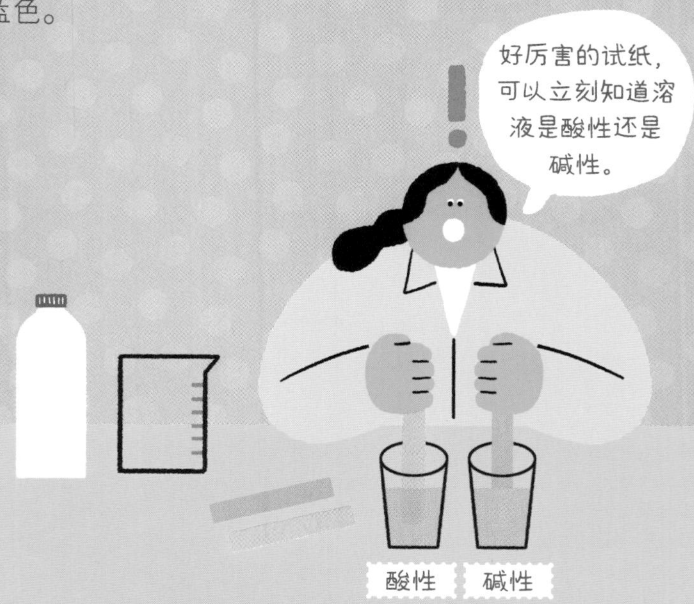

1

石蕊试纸是用一种叫石蕊的植物制成的。像这样，可以告知我们溶液酸碱性的植物还有很多。

2

指示剂是由玻意耳进行一次实验时发现的，他意外发现盐酸可以使紫罗兰花瓣从紫色变成红色。

3

玻意耳想，还有没有其他植物在遇到酸性或碱性溶液时会发生颜色变化呢?

4

所以，他用不同的植物进行了实验，从而发现包含石蕊在内的许多植物都具有指示剂的作用。

蓝色石蕊试纸放入酸性溶液中会变成红色

有些酸性溶液会让蓝色石蕊试纸变得很红，有些酸性溶液只会让蓝色石蕊试纸变得微红。为什么会这样呢？这是因为酸有强酸，也有弱酸。有些物质溶于水后会产生大量的氢离子，有些物质则只会产生少量的氢离子。

产生大量氢离子的是强酸，产生少量氢离子的是弱酸。即产生氢离子的量不同，酸的强度也不同。遇到的酸越强，蓝色石蕊试纸就会变得越红。碱也是同样的道理。产生的氢氧根离子越多，碱性越强，红色石蕊试纸会变得更蓝。但是用强弱无法具体表示酸碱度。

科学家们想出了用数字表示酸碱度的方法。即用与氢离子浓度相关的数字来表示酸的强度。这个数字叫作pH。中性物质pH是7，氢离子浓度增加到原来的10倍，pH减1，酸性增强。相反，氢氧根离子浓度增加到原来的10倍，pH加1，碱性增强。因此，pH越小，酸性就越强；pH越大，碱性越强。

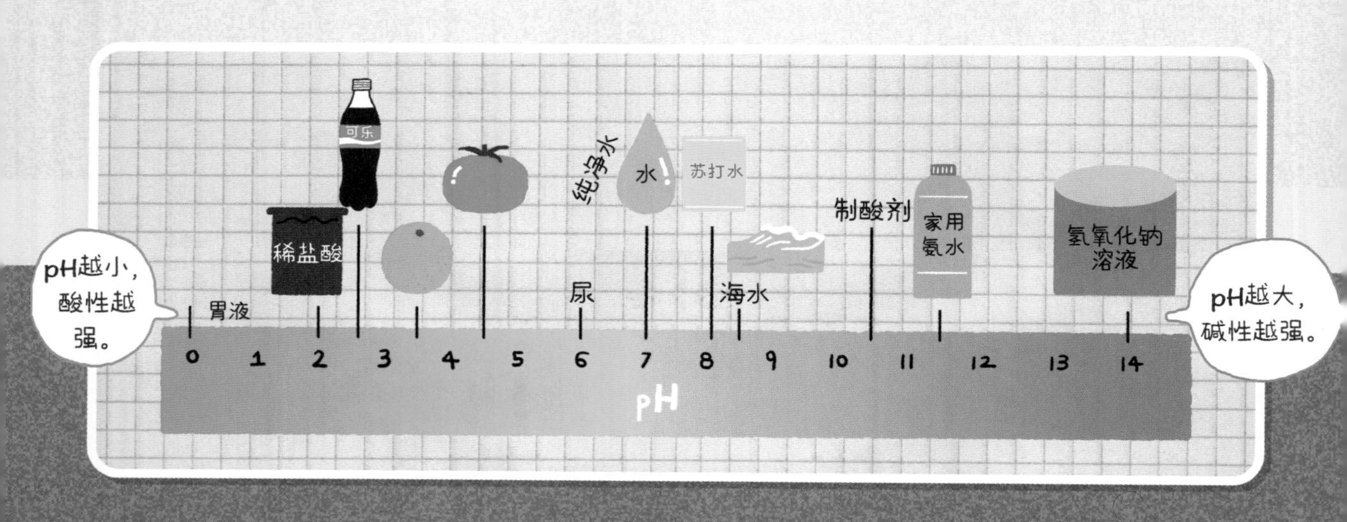

常温下，稀溶液的酸碱度常用pH来表示，pH的范围为0—14，可用pH试纸测定。

液体有酸性、碱性、中性之分。酸性和碱性是由物质溶于水时产生的离子种类决定的。如果氢离子多，则呈酸性；如果氢氧根离子多，则呈碱性。溶液的酸碱性可以通过指示剂来检验。

惊奇问答

似懂非懂pH！

如果番茄汁的pH是4，食醋的pH是2，那么食醋的氢离子浓度是番茄汁的几倍呢？

①2倍 ②20倍 ③100倍

答案 ③ 100倍

pH每减小1，氢离子浓度变为原来的10倍，所以pH为2的食醋的氢离子浓度是pH为4的番茄汁的氢离子浓度的100倍（10×10=100）。

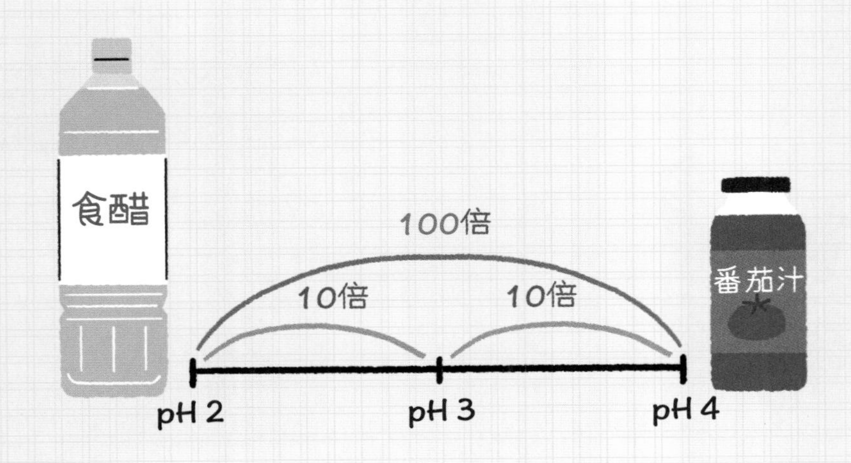

紫菜包饭用铝箔包裹对身体不好？

酸的性质

义务教育化学课程标准
化学反应的应用价值

“啊，口水流出来了！”饭店里摆满了用铝箔包裹着的紫菜包饭。
应该很好吃吧！肚子一饿就更想吃了。
但是朋友却说，
铝箔包裹的紫菜包饭对身体不好，
这是为什么呢？
紫菜包饭遇到铝会发生什么事情呢？
难道会形成对身体不好的物质？

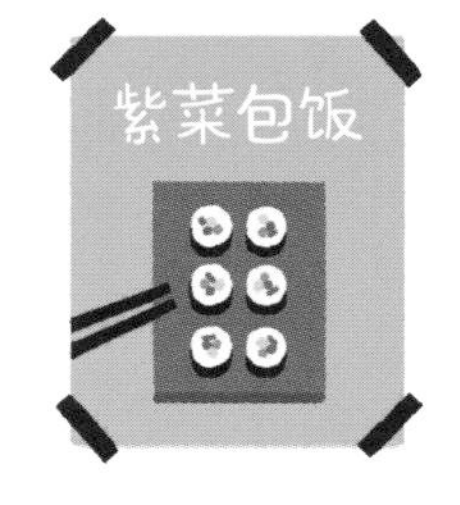

紫菜包饭里含有什么呢?

紫菜包饭中含有多种食材，这让它们看起来五颜六色的，很漂亮，同时也可为身体提供均衡的营养。根据制作材料的不同，紫菜包饭也有很多种，像炸猪排紫菜包饭、牛肉紫菜包饭、蔬菜紫菜包饭、金枪鱼紫菜包饭等。

不过紫菜包饭中有一种材料是必不可少的，那就是腌萝卜。腌萝卜是将萝卜浸泡在甜味剂和食醋混合的水里制成的，酸甜可口。但是食醋是酸性物质，酸具有易溶解铁、铝、镁等金属的性质。而铝对人体有害，幸好食醋的酸性弱，包裹紫菜包饭的铝箔被溶解出来的铝的量不是很多。虽然对健康不会有太大影响，但还是放在饭盒之类的容器中比较好。金属中也有不溶于酸的，如金、银、铂、铜等，因此金戒指掉到食醋里也不必担心。

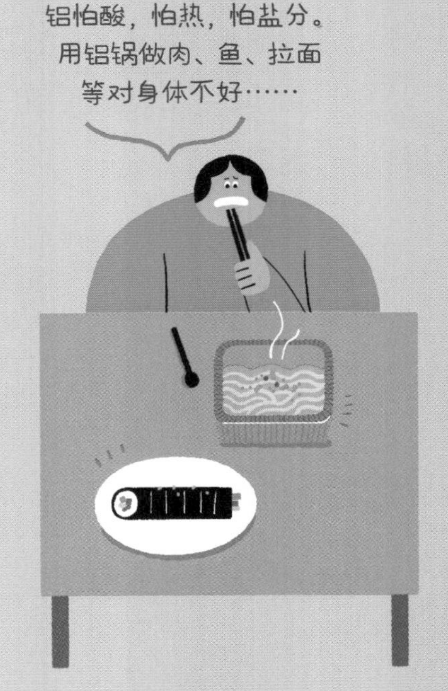

铝怕酸，怕热，怕盐分。
用铝锅做肉、鱼、拉面
等对身体不好……

大家有没有见过把文物放入玻璃罩里的情形呢?

酸不仅可以溶解金属，还可以溶解石头。准确地说，是溶解石灰岩和大理石中的碳酸钙。大家都听说过酸雨吗? 酸雨是由工厂和发电厂排出的烟雾和汽车排放的尾气造成的。

尾气含有二氧化硫气体（亚硫酸酐），它溶于雨水，会使雨水变成酸性。外表面是石灰岩或者大理石的建筑物如果被酸雨淋湿，可能会被腐蚀。为了防止酸雨的危害，更好地保护文物，我们用玻璃把由石灰岩或大理石制成的文物罩起来。

此外，酸雨还会污染泥土和水，影响植物生长，还会给鱼、虾带来伤害。

如果想亲自验证酸是否能够腐蚀石灰岩，那就在食醋中放入鸡蛋壳看看吧。鸡蛋壳的主要成分就是碳酸钙。

为什么用
玻璃罩起
来呢?
?
怕被摸?
怕鸟
屎吧?

虽然酸有危害性，但如果没有它们，我们的生活会变得非常不方便。一起在生活中找找吧！

汽车行驶离不开酸。硫酸是腐蚀性强的酸，不仅可以溶解金属和石头，连人的身体也可以腐蚀。汽车电瓶中含有硫酸，硫酸作为电解质溶液，可以使汽车正常行驶。

阿司匹林中也有酸。阿司匹林可以退热、减轻疼痛。阿司匹林的原料是水杨酸。水杨酸最早是在柳树树皮中被发现的。

抗坏血酸这个词也许你没听说过，人们一般称它为维生素C。新鲜的水果和蔬菜中含有很多维生素C，可以预防坏血病。

酸可以给食物增添风味。食醋的酸味来自醋酸。可乐等碳酸饮料中的刺激口感来自碳酸。葡萄或苹果的酸甜味是苹果酸在起作用。橙子或柠檬中的酸味来自柠檬酸。

我们的身体中含有比醋酸更强的酸

这么强的酸在哪里呢？就在我们的胃里。食物进入胃后，会和分泌的胃液混合，胃液中就含有盐酸。盐酸是非常强的酸，胃液的pH约为2。

胃液中的胃酸有助于食物的分解，可以杀死与食物一起进来的细菌。动物或植物还会利用酸保护自己免受其他动物的伤害。如果被蚂蚁咬伤，咬伤的部位会发肿发疼。这是因为蚂蚁咬的时候分泌了一种液体，这种液体因具有酸性，且最早是在蚂蚁身上发现的，所以叫作甲酸，也叫蚁酸。但并非只有蚂蚁会分泌甲酸。

蜜蜂受到威胁后会用螯针蜇人，螯针中也含有甲酸。另外，荨麻的叶子和茎上的刺中也含有蚁酸。如果被荨麻划伤，会有刺痛感。

胃液的酸性足以溶解胃壁，但胃壁却安然无恙。这是因为胃壁上覆盖着一种耐强酸的物质——胃黏膜，保护了胃壁。

胃黏膜

胃液

去野外的时候穿长袖比较好。

重点笔记

酸可以溶解铁、铝、镁等金属和石灰岩、大理石等石头。酸在我们的生活中随处可见，特别是在人和动物的身体中起着重要作用。

· 惊奇问答 ·

这些事情碳酸饮料都可以办到？真是令人震惊！

哪些事情是酸可以做到的？

我们的生活中处处会用到酸。

以碳酸为例，让我们来寻找一下碳酸饮料可以做的事情吧！

清洁马桶

把旧硬币变得像新的一样

除掉生锈铁锤上的锈迹

不可以用肥皂洗真丝围巾！

碱的性质

义务教育化学课程标准
化学反应的应用价值

"啊，不要！"画画的时候我不小心把
颜料溅到妈妈的围巾上了。
偏偏还是妈妈最喜欢的那条真丝围巾。
哗！哗！我用肥皂洗干净，
再晾干应该就可以了！
但好像没这么简单，这是怎么了？
真丝围巾变得皱巴巴的，颜色也变浅了。
好奇怪啊！
我只是用肥皂把它洗干净了而已，
真丝围巾到底怎么了？

如何将脏手、身上的污垢、衣服上的污渍清洗干净呢？

大部分污垢和污渍如果只用清水洗是洗不干净的，但只要用肥皂搓一搓就会洗得很干净。肥皂是如何去掉污垢和污渍的呢？

肥皂是用油脂和氢氧化钠或氢氧化钾等强碱混合经化学反应制成的，属于碱性物质。

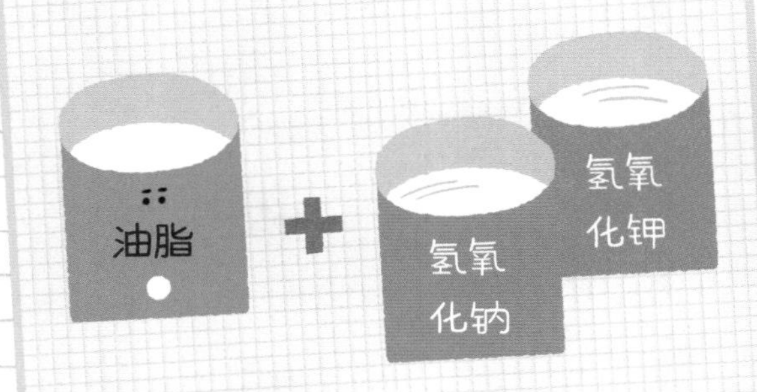

碱具有分解脂肪和蛋白质的性质。污垢通常由脂肪成分构成，不易溶于水。肥皂中的碱会溶解污垢，从而变得干净。

但洗真丝或毛织品不可以使用肥皂。真丝是用蚕丝制成的，毛织品是用动物的毛制成的，二者都是蛋白质。碱性肥皂会溶解这些动物纤维蛋白。

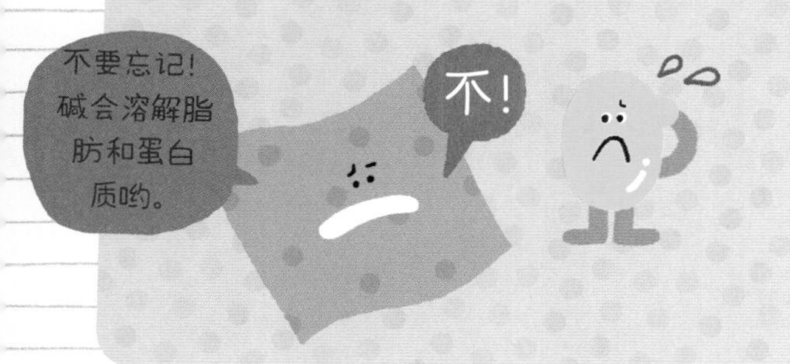

洗衣服时，残留在纤维中的肥皂与动物性纤维的蛋白质发生反应，从而使纤维变色。因此清洗动物性纤维制品时，不可以使用碱性肥皂，而是要使用专门清洗包含毛衣在内的毛织品或真丝制品的中性洗涤剂。

和酸一样，碱也用于生活的方方面面

肥皂是弱碱性的，碱性没有达到溶解我们的皮肤的强度，强碱却是可以溶解皮肤的。你知道下水道堵塞时，用什么物质疏通吗？我们平时会用管道疏通剂。下水道主要是因为有头发、油脂等物质而堵塞的，而这些物质易溶于碱性溶液，所以疏通下水道的物质中会含有氢氧化钠等强碱。

如果碱性达到可以溶解头发的强度，那接触皮肤应该也会很危险吧？手接触过管道疏通剂后，会变得滑滑的，就是因为碱对皮肤有腐蚀性。

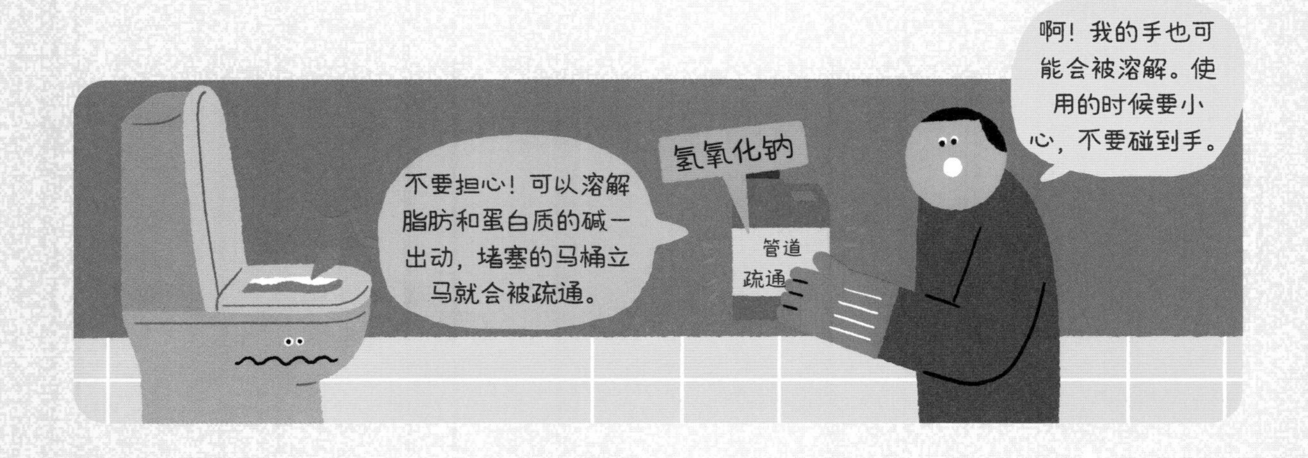

不太多的油污可以使用氨水等弱碱性物质来清除。氨气具有难闻的气味，它也是卫生间里尿臊味的主要成分。在古罗马，有人用尿液来洗衣服，可见那时候的人们已经通过经验知道，氨水能清除油污。

把头发烫成卷发时，也会用到碱。使用氨或氢氧化钠使头发中的蛋白质结构断裂，头发会变得柔软。这时把头发卷成自己想要的形状后加热固定，头发就烫好了。如果我们烫发太频繁，发质会因烫发膏的伤害而变得很差。

爸爸妈妈胃痛时吃的制酸剂也是碱性的。有些人胃痛是因为胃里的胃酸分泌过多而引起的，吃碱性药可以缓解疼痛。我们可以通过石蕊试纸轻松知道制酸剂呈碱性。

不仅是人类，许多生物也与碱有关

动物和植物会将酸作为武器利用，也会利用碱保护自己。酸带有酸味，碱带有苦味。我们喝的咖啡、茶，吃的巧克力中含有的咖啡因就属于碱，所以带有苦味。咖啡树、茶树、可可树等植物的叶子或果实中均含有咖啡因。虫子不会吃带有苦味的植物叶子或果实。可以说带有苦味的咖啡因是植物自我保护的利器。

碱虽然味道苦涩，有的还带有难闻的气味，但有人就喜欢这种独特的味道

咖啡、茶、巧克力是典型的带有苦味的东西。

用发酵的大豆制作的清曲酱也会有独特的气味，这是因为大豆中的蛋白质在分解后会生成氨气。

清曲酱有难闻的气味，所以很多人讨厌它，其实大豆在发酵时会生成多种菌，有利于提高人体免疫力，是对身体有益的食物。

重点笔记

碱具有溶解脂肪和蛋白质的性质，有苦味，有的还会散发难闻的气味。碱的这些独特性质被广泛应用于我们的生活中。

· 惊奇问答 ·

洗手的正确方法你知道吗?

肥皂自古就有，但在古代，因为制造肥皂的材料珍贵且价格昂贵，所以肥皂是只有少数人用得起的奢侈品。

后来，随着肥皂被大量轻松地制造，它才成为人人都可以用来洗手的日用品。肥皂会很好地洗掉沾在手上的细菌，从而预防很多疾病，传染病传播的可能性也急剧下降。如果用肥皂好好洗手，细菌只残留3%。

让我们来了解一下正确的洗手方法吧。

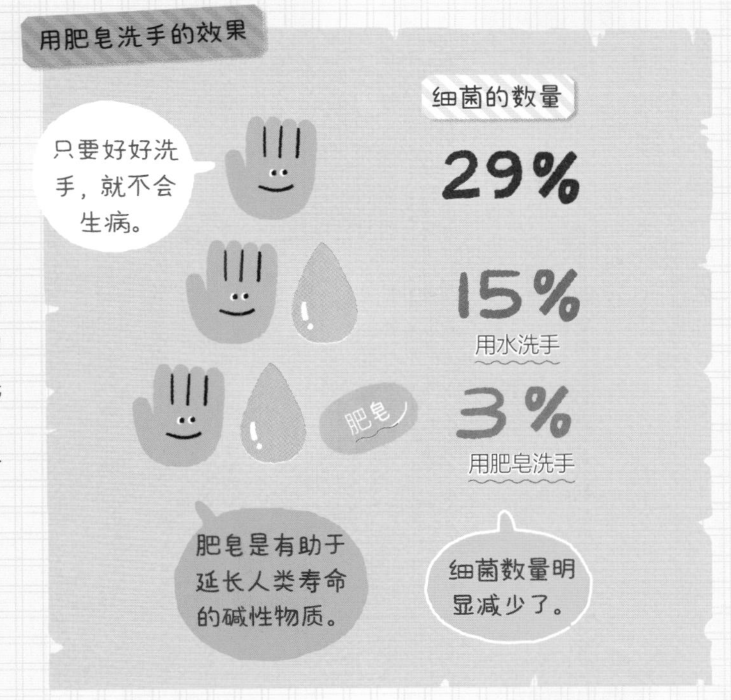

用肥皂洗手的效果
细菌的数量
只要好好洗手，就不会生病。
29%
15%
用水洗手
肥皂
3%
用肥皂洗手
肥皂是有助于延长人类寿命的碱性物质。
细菌数量明显减少了。

正确的洗手过程

1 掌心相对，相互揉搓。

2 手背和手心相对，相互揉搓。

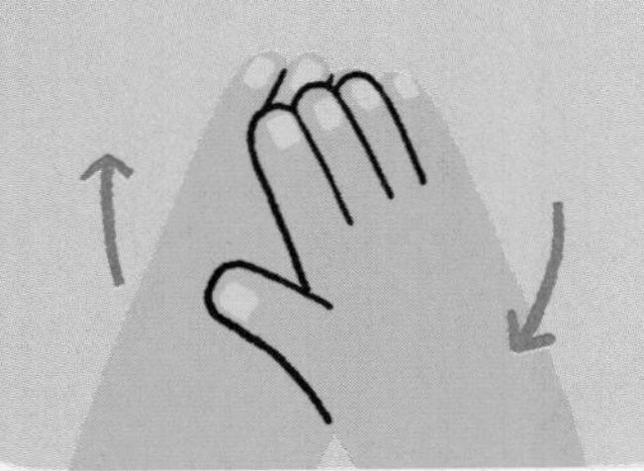

3 掌心相对，双手交叉，相互揉搓。

4 双手手指相扣，相互揉搓。

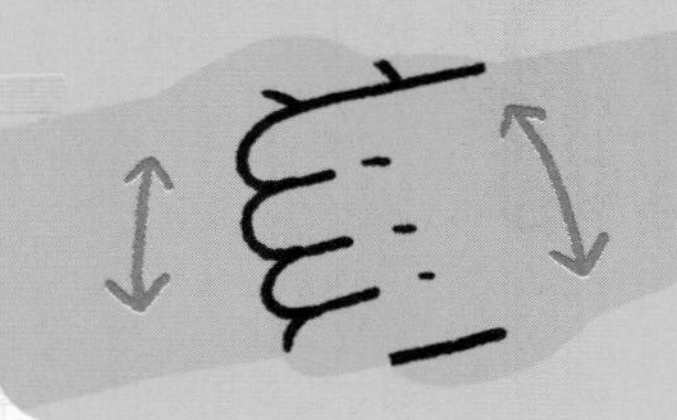

5 一只手握住另一只手的大拇指，旋转揉搓。

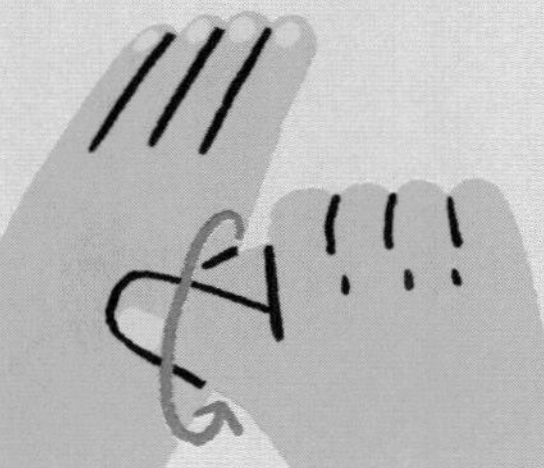

6 将手指放在另一只手中揉搓，清洗指甲缝里的污垢。

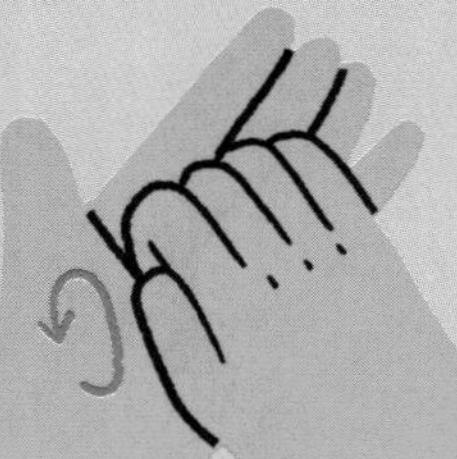

食醋可以去腥味！

今天晚饭有我最喜欢的花蟹汤。
我喜欢把饭放进蟹壳里搅拌后吃，
那味道真的很棒！但是吃完花蟹汤，
餐桌上留有一股难闻的腥味。
妈妈说："把食醋拿过来。"
只见妈妈熟练地在抹布上蘸些食醋后擦拭餐桌。
哇，腥味神奇地消失了！
花蟹汤的腥味与食醋相遇后，
究竟发生了什么呢？

蟹和鱼中散发腥味的物质是什么？

腥味都去哪里了呢？

一些海鲜散发着特有的腥味。有人喜欢这种腥味，也有人不喜欢。海鲜中的腥味来自一类叫作胺的碱性物质。

在有腥味的餐桌上喷洒酸性物质食醋，相当于碱和酸相遇了。但为什么酸和碱一相遇，海鲜的腥味就会消失呢？

酸和碱相遇会怎么样？

这两者相遇会生成水。可以溶解金属和石头的酸，可以溶解脂肪和蛋白质的碱，这两种物质相遇后，竟然生成了水，你是不是觉得无法相信？

了解了酸和碱的特性后，你就可以轻松理解它们相遇后生成水的原理了。酸带有氢离子，碱带有氢氧根离子。如果酸和碱相遇，**氢离子（H^+）和氢氧根离子（OH^-）就会生成水（H_2O）。**

另外，酸中原来与氢离子配对的搭档和碱中与氢氧根离子配对的搭档组合在一起，生成新的物质——盐。

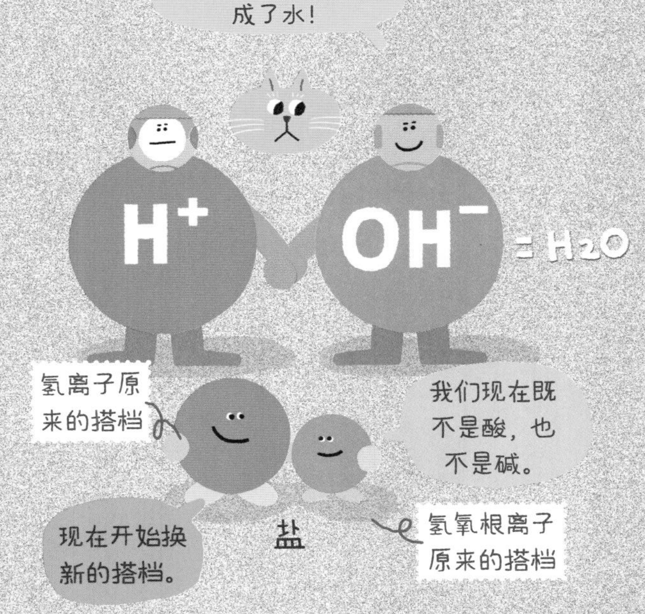
酸和碱这两种物质相遇后，居然变成了水！
H+
OH−
= H2O
氢离子原来的搭档
我们现在既不是酸，也不是碱。
现在开始换新的搭档。
盐
氢氧根离子原来的搭档

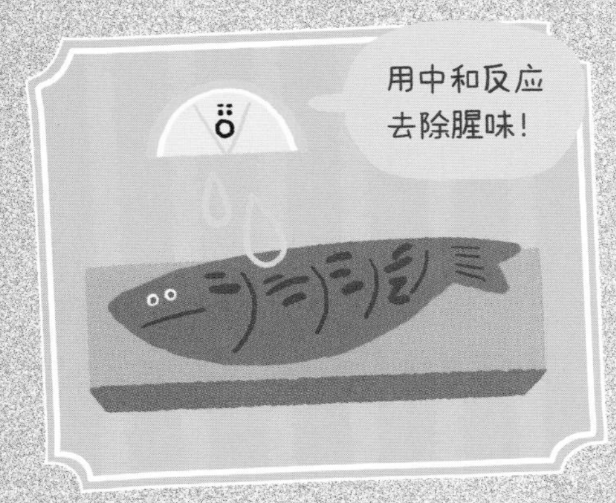
用中和反应去除腥味！

如果酸和碱相遇，酸的氢离子会和碱的氢氧根离子组合生成水，那么水是酸还是碱呢？都不是。水是介于酸和碱之间的物质。这种反应被称作**中和反应**。

用食醋去掉花蟹的腥味也是利用了中和反应。腥味物质是弱碱性的，使用具有酸性的食醋可使其中和。在烤鱼或生鱼片上洒柠檬汁可以去腥味，也是一样的原理。

中和反应被用于我们生活的方方面面。让我们来了解一下吧！

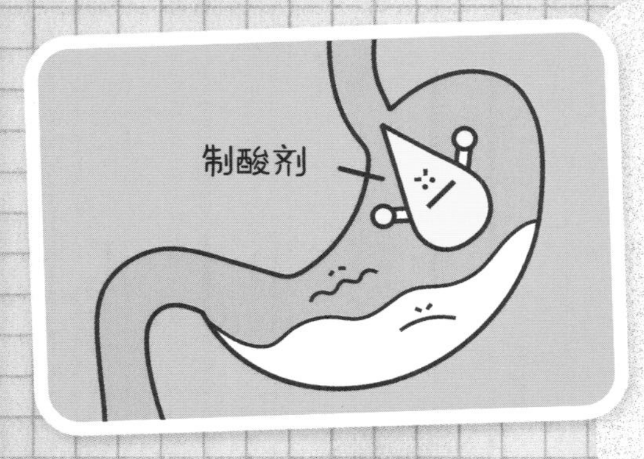

可以治胃痛

你有没有见过大人胃痛时吃的制酸剂？制酸剂是碱性物质。

我们知道胃液中含有盐酸，呈酸性，胃壁由耐强酸的物质包裹着。但是如果胃酸分泌过多，胃壁就会受伤导致胃痛。这时吃些碱性物质制酸剂可中和酸性胃液，缓解胃痛。

石灰和黄沙减轻了酸雨对土壤的污染

在酸雨多的地方撒上碱性石灰粉可以中和土壤里的酸。

但注意不要撒在中性土壤上或水中，否则石灰粉可能成为另一种污染物。

用肥皂洗头发后用食醋漂洗

用洗发液和护发素洗头发后，头发会变得柔顺光滑。

但是洗发液和护发素等合成洗涤剂不容易被水分解，因此会污染水。用肥皂代替洗发水洗头发，不仅头发会变得干净，还可以保护环境。

但是肥皂是碱性的，用它洗完头发后头发会变得干枯。这时用加了食醋的水漂洗头发，多余的肥皂会被中和掉，头发也会变得柔软。

洗脸后涂抹湿润的乳液

健康皮肤表面的pH为5.5左右，呈弱酸性。

但是肥皂或洗面奶大部分是碱性的，所以用肥皂洗完澡以后皮肤会变干。

健康的皮肤会自动分泌脂肪来维持皮肤的酸碱度。此外，也可以涂抹乳液等弱酸性的化妆品，让皮肤恢复到正常状态。

用酸清除尿垢

长时间不及时清洗马桶，尿垢会附着到马桶内壁上，很难被清除掉。尿垢和散发尿臊味的物质都是碱性的。

水垢的主要成分也是碱性的。水中含有的钙离子与溶解在水中的二氧化碳形成的碳酸根离子结合，会生成碳酸钙。碳酸钙像石头一样坚固，很难擦掉。

利用盐酸可以彻底去除顽固污渍和臭味，还可以杀菌。但是盐酸会污染水质和土壤，所以不能过多地使用。利用弱酸性物质经常清洁这些污垢是最好的办法。如果有喝剩的可乐，就试着用来打扫卫生间吧。可乐是含有碳酸的酸性物质。把可乐倒进马桶，碱性污垢会被酸性可乐溶解，过1小时后用水冲掉，发黄的顽固污渍就会去除！

尿垢、水垢等碱性污垢用酸清除就对了！

酸还可以杀菌！

脂肪和蛋白质污垢用碱来清除就对了！

H^+

OH^-

重点笔记

酸和碱相遇时，体现酸特征的氢离子和体现碱特征的氢氧根离子反应生成水，成为中性物质。这个反应叫作中和反应。原来与氢离子和氢氧根离子结合的部分重新结合生成叫作盐的物质。

惊奇问答

如果把盐酸弄洒了该怎么办呢?

不小心将路边的盐酸弄洒了。该怎么办呢?

1 喷水稀释

盐酸是强酸性物质，对人和动植物都有害，所以弄洒了要尽快防止它扩散。喷水后强酸会被稀释。如果洒的量过多，可能需要出动消防车。即使稀释了盐酸，也无法阻止周围的小动物、小植物受到伤害。

2 用碱性物质进行中和反应

如果是在实验室弄洒了硫酸或盐酸，就用氢氧化钠等碱性物质中和，然后扔掉。如果不是在实验室，可以洒上容易找到的沙子，然后用小苏打（碳酸氢钠）等物质进行中和。

怎样才能点燃篝火？

燃烧

今天是露营的最后一天！
我和小伙伴们打算举行篝火晚会，
度过愉快而美好的夜晚。
我们把树枝放在一起点火，
但很难点着。
小伙伴们将纸点着后扔进树枝里，
再用扇子轻轻扇风。
满头大汗地弄了半天，终于点着火了。
点燃篝火为什么这么难呢？

哎哟，点燃篝火好难呀！

点火好麻烦，但是一旦燃烧起来就不容易熄灭。火为我们的生活提供了很多便利。它帮助我们为房屋供暖，照亮房间、制作美食。火对我们来说是非常重要的。

火都会发光、发热。这是因为木头、石油等易燃物与空气中的氧气迅速结合时，会快速放热和发光，并以火焰的形式出现，这种现象叫作**燃烧**。

人类第一次生火用的是什么方法？

人类祖先刚开始只会利用大自然自发燃烧起来的火。他们将雷击后燃烧的木头堆在一起使用，后来又发明了碰击燧石生火和钻木取火。是不是很令人惊讶？

其实，想点燃火必须具备三个燃烧条件。

第一个条件，就像我和小伙伴们通过燃烧树枝点燃篝火一样，需要有**可燃物**才行。什么都没有就不会燃烧起来。由于物质的组成不同，有些物质容易燃烧，有些物质不易燃烧。在我们的生活中，我们会选择容易燃烧的物质作为燃料。

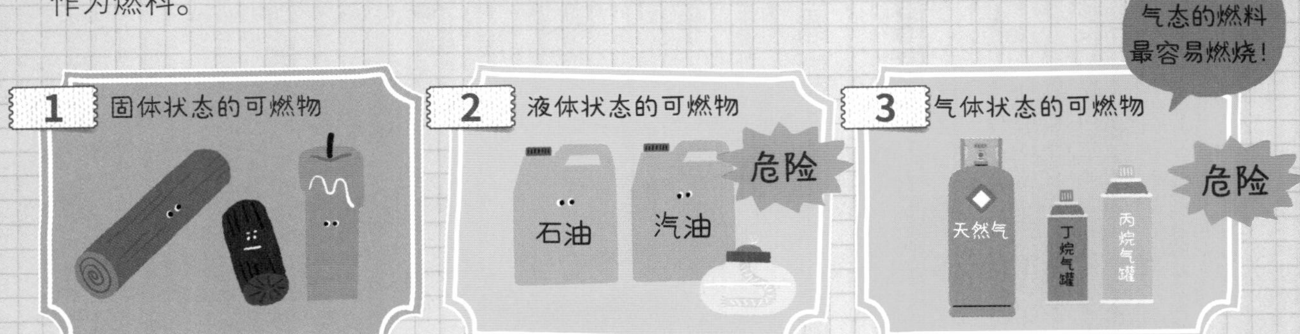

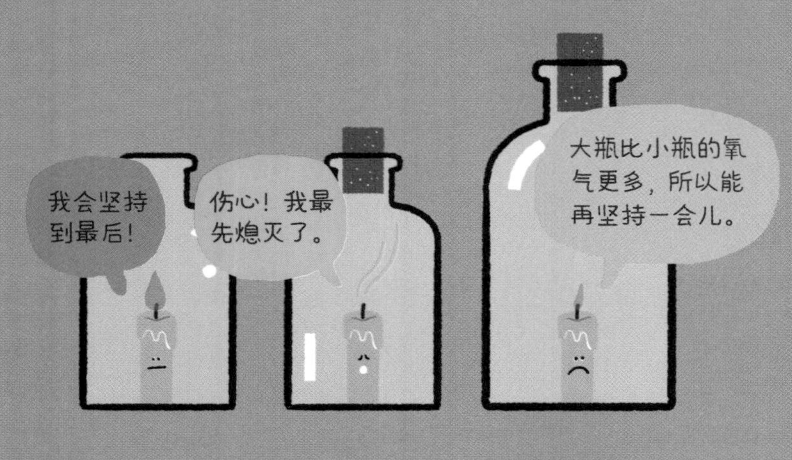

第二个条件，需要**适量的氧气。**

为什么点燃篝火时要用扇子扇风呢？

火是物质与氧气结合燃烧时生成光和热的现象。即使有可燃物，如果空气中没有氧气，一般情况下物质也不会燃烧。因此，用扇子扇风可以提供氧气。左边三个玻璃瓶中，哪个瓶子中的蜡烛会最先熄灭呢？

有瓶塞的小瓶中，蜡烛会最先熄灭。没有瓶塞的瓶子因为里面一直有氧气供给，所以会燃烧至蜡烛燃尽。但是在有瓶塞的瓶子中，蜡烛会很快耗尽瓶中的氧气后熄灭。有瓶塞的大瓶中的氧气比有瓶塞的小瓶中的多，会多坚持一会儿，所以物质要持续燃烧，需要持续供给氧气。

第三个条件，需要达到**着火点**。人类通过钻木取火就是领悟到了生火的智慧。利用木头摩擦生热，温度渐渐升高，到最终引发火花。开始燃烧时的温度称作着火点。

要燃烧需要将温度提高至着火点以上，但每种物质的着火点是不相同的。

像这样，如果某种物质要燃烧，可燃物、氧气、使可燃物温度达到或高于着火点的热量，这三个条件需要同时具备。即使已经燃烧，如果缺乏其中一个条件，火也会马上熄灭。

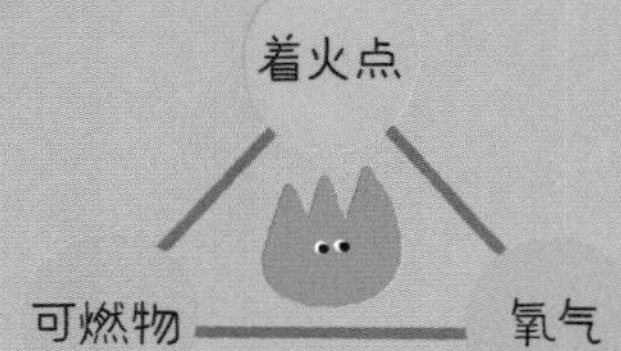

篝火彻夜燃烧后，树枝消失得无影无踪，只剩下灰烬

这是怎么回事呢？树、蜡烛等物质都含有碳元素和氢元素，所以燃烧时它们会与氧气结合形成水和二氧化碳，并散发至空气中，最后仅剩下少量的残渣。但是铁等金属物质中不含碳和氢，燃烧后会成为固体金属氧化物。

因此，物质燃烧后最初的样子要么消失，要么化为灰烬。

二氧化碳
铁燃烧后会成为固体金属氧化粉。

重点笔记

某个物质要燃烧，需要具备“可燃物、氧气、使可燃物温度达到或高于着火点的热量”三个条件。

惊奇问答

为什么火焰总是向上燃烧呢？

火焰总是向上燃烧，为什么不会往旁边燃烧，或者像云朵一样燃起来，又或者像喷泉一样漂亮地燃起来呢？

那是因为地球上有重力。地球重力会把物体用力拉向地球中心。重力会把火焰外的空气向下拉，而燃烧后变轻的空气重力减弱，所以会向上走。因此在地球上，火焰总是向上燃烧的形状。

为什么消防员要用火灭火？

灭火

哎，山上着火了。
山火一连几天都没有被扑灭。
起初用消防直升机喷水灭火，
但因为火势凶猛没有效果。
猛烈的山火该怎么扑灭才好呢？
消防员叔叔做出了一个艰难的决定。
“如果没有办法，只能以火灭火！”
这可能吗？竟然为了灭火而点火！
如果再引发更大的火该怎么办呢？
太可怕了！

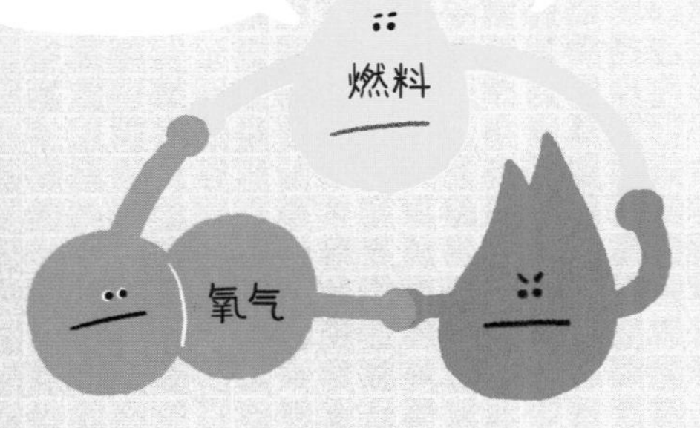

同时具备我们三个
才会燃烧起来！
三个中只要少
一个，就可以完

火给我们带来光明和温暖，但如果利用不当，它就会烧毁一切并威胁到我们的生命，真是恐怖。小蜡烛的火苗可以呼的一声吹灭，但像山火那样的大火是不容易熄灭的。怎么做才能安全地**灭火**呢？

燃烧的三个条件中，只要缺少一个，火就会被熄灭。隔离可燃物，或阻挡氧气供给，或把温度降低至着火点以下，就可以了。

通过隔离可燃物来灭火

大家之前看到过关上煤气灶的阀门后火熄灭的现象吧？那是因为阀门拦截了作为燃烧物质的气体燃料。发生山火时，也需要去掉树、草、落叶等可燃烧的物质。挖造像堤坝一样的山火防线来阻止火势蔓延，也是采用清除可燃物的方法来灭火的。但是如果山上有很多树，火势蔓延速度太快，那山火防线也没有用。

这时就只能采用以火灭火的方法了。以火灭火是指迎着火区放火。提前把山上可以燃烧的物质烧掉，让火无法继续蔓延。但是需要看好风向再点火。这是一种危险的方法，不小心还可能会蔓延成更大的火！

通过阻断氧气供给来灭火

火要有氧气才能燃烧，所以隔绝氧气也会让火熄灭。盖上灯盖熄灭酒精灯，采用的就是隔绝氧气的方法。着火时，立即用湿衣服或被子等覆盖在着火的地方就可以轻松灭火。如果周围有土或沙子，撒上去也可以灭火。土和沙子有隔绝氧气的作用。

灭火器也是利用了相似的原理。按压灭火器后，三二氧化碳等各种物质会覆盖在着火的地方，这样就隔绝了空气中的氧气，从而使火熄灭。

在地上翻滚可以更有
效地切断氧气供给！

通过降低温度来灭火

着火后大都通过泼水来灭火。火势很猛烈时，水会发生汽化变成水蒸气。这个过程中火的热量会被吸收，着火处温度降至着火点以下，从而将火熄灭。把被水浸湿的衣服或被子覆盖在着火的地方，既可以隔绝氧气，还可以降低温度，从而更好地灭火。

但是有油的地方是不可以使用水的。我们知道油会浮在水上，如果往着火的油上浇水，水会和油一起流向各个地方，不仅不能灭火，还可能会引发更大的火灾。

如果着火了，如何安全应对?

火灾一旦发生就很难扑灭！安全用火非常重要。使用蜡烛、电器时也要多加注意。如果着火，不要惊慌，沉着应对，才不会造成更大的损失。

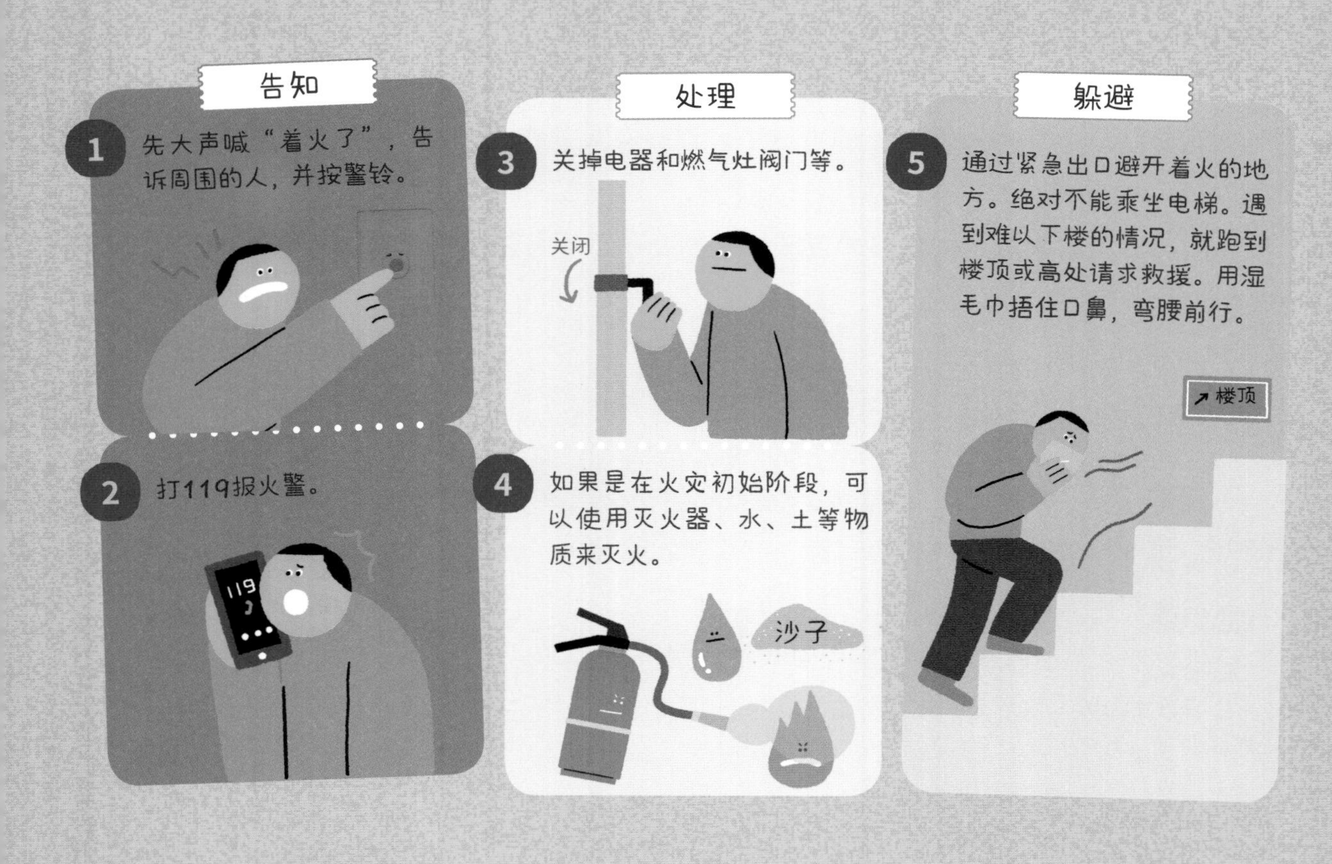

告知
1 先大声喊“着火了”，告诉周围的人，并按警铃。
2 打119报火警。
119
处理
3 关掉电器和燃气灶阀门等。
关闭
4 如果是在火灾初始阶段，可以使用灭火器、水、土等物质来灭火。
沙子
躲避
5 通过紧急出口避开着火的地方。绝对不能乘坐电梯。遇到难以下楼的情况，就跑到楼顶或高处请求救援。用湿毛巾捂住口鼻，弯腰前行。
↗楼顶

现在不仅是公共场所，就连小区或者汽车上都备有灭火器。

一旦着火，迅速使用灭火器灭火，可防止蔓延成大火灾。

我们一起来学习一下**如何使用灭火器**吧！

1
先拔掉手柄部分的保险栓。
2
背对着风吹来的方向，将灭火器喷管对着火源。
3
握紧手柄，按压喷射灭火剂。

重点笔记

将火扑灭叫作灭火。清除可燃物、阻断氧气供给、将温度降低到着火点以下，使用这三种方法中的任意一种都可以灭火。

惊奇问答

猜一猜灭火的正确方法！

仔细分析着火的原因和燃烧的物质，慎重选择灭火的方法。

1

酒精灯与蜡烛差不多，用嘴吹灭即可！

对还是错……错

酒精灯会散发出很多气体酒精，只靠嘴吹无法灭火。而且燃料会飞溅到其他地方引发火灾，这很危险。所以，一定要通过盖上灯盖的方式来灭灯。

2

酒起火了，赶快用湿抹布灭火吧。

对还是错……对

湿布具有降温和隔绝空气的双重作用，所以这是个很好的方法。

3

因使用的电器过多导致着火，赶快泼水灭火吧。

对还是错……错

小心触电！水可以导电，所以不能使用。这个时候要使用干粉灭火器或二氧化碳灭火器来灭火，而不是使用会生成泡沫的泡沫灭火器。

物质的状态只有固体、液体、气体吗？

物质的状态

义务教育科学课程标准
物质的三种状态

义务教育化学课程标准
物质的多样性

固体状态的冰受热融化后会变成液体状态的水，如果一直加热，水沸腾后会变成气体状态的水蒸气。
像这样，对物质加热后分子会活跃起来，从而发生固体→液体→气体的物态（物质状态）变化。
但如果在非常高的温度中对气体继续加热，会发生什么事情呢？
气体永远只会以气体的形式存在吗？
还是会变成固体、液体或气体以外的第四种物态呢？

我们周围的物质大部分以固态、液态、气态三种状态中的一种存在；具有一定形状和体积的固体；有流动性并随着装入的容器形状会发生变化的液体；容易扩散至四周，而且可以装满任何容器的气体。

就像冰块融化变成水、水煮开变成水蒸气一样，物质的状态会随着温度的变化而变化。水分子的排列方式和距离也会随着温度的变化而改变。

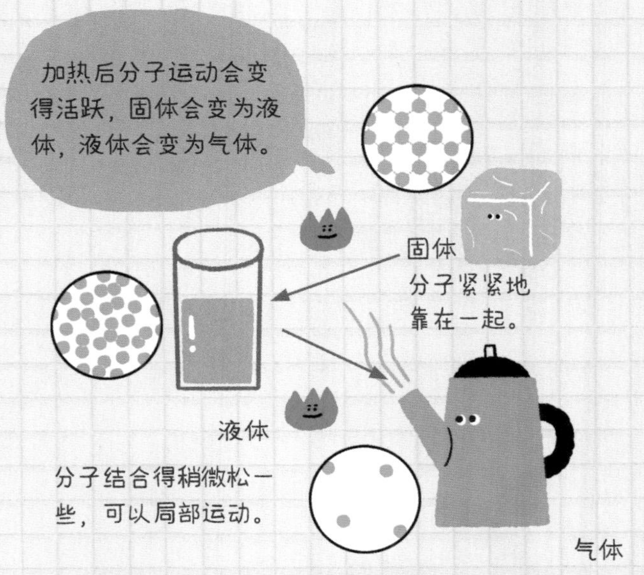

加热后分子运动会变得活跃，固体会变为液体，液体会变为气体。
固体
分子紧紧地靠在一起。
液体
分子结合得稍微松一些，可以局部运动。
气体
分子间的结合变弱，距离变远，可以自由运动。

如果我们对变成气体的水蒸气继续加热会怎么样呢？

它们会一直以水蒸气的形态存在吗？并不会。用高温持续加热，构成水蒸气的水分子会分解为氢原子和氧原子。在此基础上继续加热，原子会分离为电子和原子核。原子本来既不带正电荷，也不带负电荷，而是呈电中性状态，当分离为电子和原子核后，电子会带负电荷，剩下的原子核会带正电荷。也就是说，在高温下气体会分离为带负电荷的电子和带正电荷的原子核，物质的这种状态叫作**等离子体**。

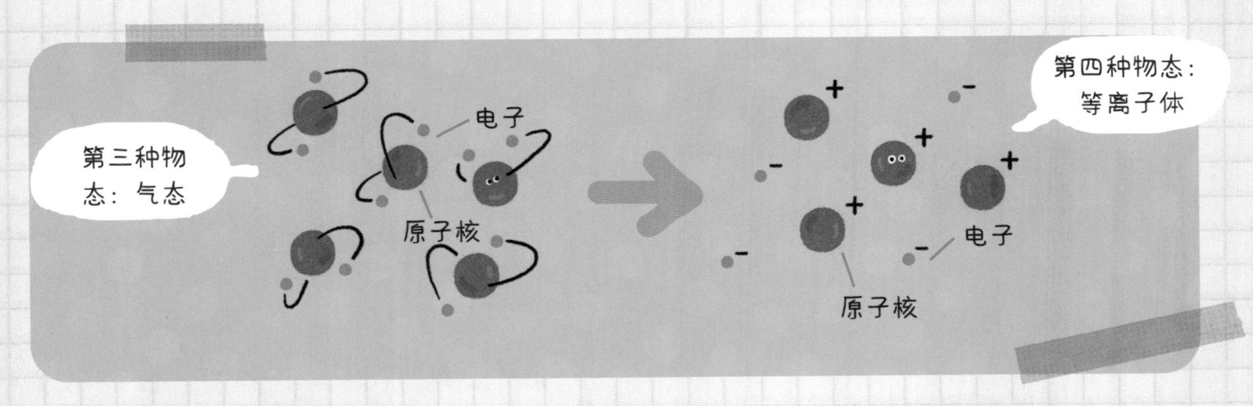

等离子体并不是指单个粒子，而是带有正电荷的原子核与带有负电荷的电子共存于某个空间，这些带有电荷的粒子相互影响，并一起运动，可以简单理解为带电粒子集团。

等离子体中正负电荷数量整体上相同，所以呈电中性。

等离子体是由大量自由电荷组成的粒子群，它与一般的气体不同，具有施加电场即会导电并自主发光的特性。

粒子碰撞或被磁场加速时也会发光，所以你可以把等离子体看作是光的形态。耀眼的闪电和将夜空点缀得分外美丽的极光是可以在自然界中找到的典型的等离子体状态，极光是等离子体发出的光。

闪电和极光是相同的物态！

等离子体是地球上不常见的物质状态，但是在宇宙中几乎所有的物质都以等离子体形态存在。每天早晨升起的太阳、在夜空闪闪发光的星星等，99% 的物质是等离子体。

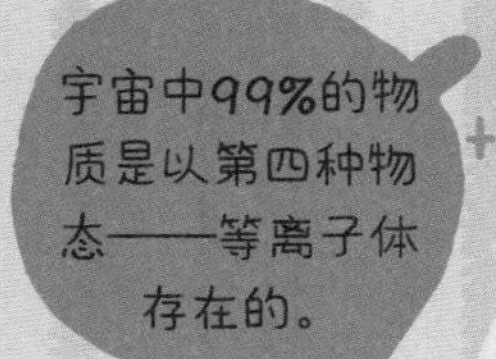

宇宙中99%的物质是以第四种物态——等离子体存在的。

从整个宇宙来看，固态、液态、气态这三种物态是非常特殊的。

等离子体在我们生活中也被广泛使用。人们利用对等离子体施加电场后具有导电、发光的特性，制造了许多种产品，如日光灯、霓虹灯、等离子电视等。

重点笔记

用非常高的温度持续给气体加热就会使其变成等离子体状态。

· 惊奇问答 ·

有没有第五种物态存在呢?

就像给物质加热会发生固体→液体→气体的物态变化一样，物质被带走热量后会发生气体→液体→固体的物态变化。物质在非常高的温度下会以等离子体状态存在。那么，在温度非常低的超低温中，物质会不会以固体以外的其他状态存在呢？也就是说，是否存在第五种物质状态？好奇的小伙伴们自己找一找资料钻研吧，说不定你会成为诺贝尔奖候选人！

终于找到第五种物质状态了！
第五种物态

桂图登字：20-2020-003

图书在版编目（CIP）数据

化学大惊奇 /（韩）郑星旭，（韩）李才我著；（韩）金多睿绘；郑美兰译. — 南宁：接力出版社，2023.1（2025.6重印）
（大惊奇科学系列）
ISBN 978-7-5448-7914-9

Ⅰ.①化… Ⅱ.①郑…②李…③金…④郑… Ⅲ.①化学－青少年读物 Ⅳ.① O6-49

中国版本图书馆CIP数据核字（2022）第177829号

责任编辑：楚亚男　装帧设计：许继云　责任校对：杨少坤
责任监印：刘宝琪　版权联络：赵雪洁
出版人：白冰　雷鸣
出版发行：接力出版社　社址：广西南宁市园湖南路9号　邮编：530022
电话：010-65546561（发行部）　传真：010-65545210（发行部）
网址：http://www.jielibj.com　电子邮箱：jieli@jielibook.com
经销：新华书店　印制：北京利丰雅高长城印刷有限公司
开本：787毫米×1092毫米　1/16　印张：9　字数：100千字
版次：2023年1月第1版　印次：2025年6月第2次印刷
印数：14 001—17 000册　定价：59.00元

审图号：GS（2022）4977号
本书地图系原书插附地图